세상을 바꾼

과학사
명장면
40

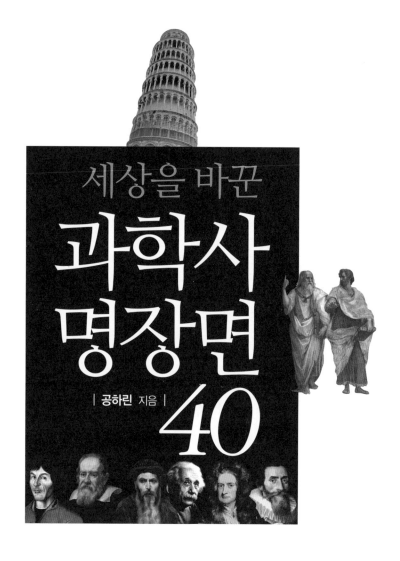

세상을 바꾼

과학사
명장면

| 공하린 지음 |

40

살림Friends

인류의 삶을 바꾼
기발하고 유쾌한 순간들

지구가 둥글다는 걸 처음으로 알게 된 순간, 최초로 전기가 발명된 순간, 신비로운 별자리의 전설로만 존재하던 밤하늘의 신비가 벗겨진 순간…… 그렇습니다. 한 사람의 인생에서 미래를 결정하는 순간이 한 번은 있듯이 과학사에도 수많은 극적인 순간들이 있었습니다. 이러한 결정적 순간들은 과학자의 삶에서, 연구 과정에서의 수많은 실패와 좌절에서 그리고 감격적인 성공에서 나타났고, 그때마다 수많은 선택이 이뤄졌습니다. 그리고 그 선택은 개인의 삶뿐만 아니라 전 인류의 삶에 커다란 변화를 가져왔습니다.

수많은 과학자들은 하나의 이론을 정립하기 위해 인고의 세월을 보냈고 현재의 눈부신 과학 발전은 바로 그 열정과 끈기 덕분이라고 해도 과언이 아닙니다. 우리가 이미 잘 알고 있는 'F=ma' 라는 뉴턴의 운동법칙 역시 사과가 떨어지는 것을 보는 것과 동시에 만들어진 게 아닙니다. 이 책에서는 하나의 과학 이론이 성립되기까지 일어난 일들을 차근차근 살펴보게 될 것입니다. 어떻게 연구가 시작되었는지, 어떤 실험을 거쳤는지, 어떤 시련이 있었는지,

당시 사회적·문화적·정치적 환경은 어떠했는지 등을 들여다보면 마치 흥미진진한 과학사의 한 장면에 함께하는 듯한 기분이 들 것입니다.

또한 이 책에 등장하는 과학 이론이나 원리들은 대부분 유명한 영화, 연극, 드라마, 애니메이션 등에서 보아 온 우리에게 익숙한 것들입니다. 그동안 시험을 위해 외웠던 지루하고 머릿속에 들어오지도 않는 딱딱한 공식들은 잊어버리세요. 재미없는 교과서에서 잠자고 있던 과학 공식이 통통 튀고 말랑말랑한 과학 지식으로 변하는 경험을 하게 될 것입니다.

비단 수능이나 논술 때문만이 아니라 앞으로 성인이 되어 지식사회에 살아남기 위해서라도 단편적인 지식만 취하는 습관은 버려야 합니다. 이 시대는 통합적인 시각으로 사물을 관찰하고 이해하는 통찰력을 요구하고 있기 때문입니다. 이 책으로 여러분이 과학에 조금 더 흥미를 갖게 되길 바랍니다.

여러모로 부족한 나에게 책을 쓸 수 있도록 도와준 정은선 씨를 포함한 살림출판사 식구들에게 감사드립니다.

공하린

과학으로 연결하다

CONTENTS

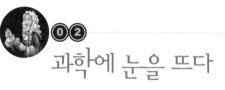

과학에 눈을 뜨다

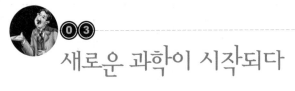

03 새로운 과학이 시작되다

CONTENTS

제1부

과학으로
연결하다

세상은 무엇으로 만들어져 있을까?

바티칸 미술관에 소장되어 있는 라파엘로(Sanzio Raffaello, 1483~1520)의 작품 〈아테네학당(School of Athens)〉을 한번 보자. 마치 숨은그림찾기라도 하듯 54명에 이르는 수학자, 천문학자, 철학자 등이 그려져 있다. 그리스 시대를 대표하는 철학자 플라톤(Platon, BC 429~BC 347)과 아리스토텔레스(Aristoteles, BC 384~BC 322)를 중심축으로 피타고라스, 헤라클레이토스 등 우리에게 친숙한 학자들이 대거 등장한다.

그중 아리스토텔레스와 플라톤은 파란 하늘을 등지고 무엇인가 말하고 있는

〈아테네학당〉, 라파엘로, 1510~1511, 로마, 바티칸 미술실 서명실(Stanza della Segnatura). 이 작품은 과거와 현재를 이어 주는 당대의 유명 인사들을 향한 라파엘로의 존경심을 표현하고 있다.

듯하다. 레오나르도 다 빈치를 닮은 듯한 플라톤은 손으로 하늘을 가리키며 이데아(idea, 이상)를 꿈꾸고 있는 모습이다. 우주에 관한 이야기를 담고 있는 『티마이오스(Timaios)』라는 책을 거의 수직으로 들고 있는 플라톤은 '이데아론', 즉 인간이 궁극적으로 추구해야 할 저 하늘에 있는 이데아에 대해 일장연설을 펼치고 있다. 또한 중앙의 두 철학자 중 오른쪽에 푸른 빛의 천을 두르고 있는 아리스토텔레스는 손바닥을 아래로 향한 채 플라톤에게 어떤 얘기를 장황하게 늘어놓고 있다. 즉, 아리스토텔레스는 현실에 대한 지침을 말하고 있는 『윤리학』

● 플라톤은 하늘을 향해 오른손을 들어 추상적·논리적 철학인 이데아 사상의 중요성을 역설하였고, 아리스토텔레스는 손을 밑으로 향해 자연과 생물의 관찰을 중시하는 현상적·경험적 철학의 중요성을 주장하였다.

이라는 책을 거의 수평에 가깝게 들고 이데아가 아니라 현실에 충실해야 한다고 말하고 있는 것이다.

종교적 색채가 강한 이 그림은 도대체 무엇을 전달하고 싶었던 것일까? 실제 플라톤과 아리스토텔레스가 말하고자 했던 것을 찾아서 그들의 세계로 떠나 보자.

세상에 존재하는 물질, 4원소+α

고대 사람들도 세상이 무엇으로 만들어져 있는지 궁금하게 여겼다. 그들은 물, 불, 공기, 흙 등 수많은 물질들이 세상을 이루고 있다고 생각했고, 그중 가장 기본이 되는 물질을 '원소'라고 불렀다. 그리스의 위대한 철학자 아리스토텔레스는 스승인 플라톤의 생각을 이어받아 4원소설을 주장했는데, 네 가지 원소로 세상을 설명했다.

아리스토텔레스는 아테네에 있는 아카데메이아(Akademeia, BC 385년 플라톤이 아테테에 설립한 철학 아카데미)에서 플라톤의 가르침을 통해 자신만의 독특한 사고 체계를 만들어 나갔다. 두 사람은 공통적으로 모든 세계는 이성의 산물이며 철학자는 자연계의 보편적인 면을 연구한다고 생각했다. 이러한 공통점이 있음에도, 아리스토텔레스는 자연철학에 대한 이전의 연구 결과를 재검토하고 살펴보는 과정에서 신비하고 초월적인 성격을 띠는 플라톤의 이데아 사상을 공허하다고 비판했다. 스승 플라톤이 감각의 역할을 무시하고 영원한 이데아적 형상 혹은 세계를 중시했다면, 제자 아리스토텔레스는 감각과 경험, 그리고 관찰 가능한 자연의 세계를 강조했던 것이다.

아리스토텔레스가 관찰 가능한 자연의 세계를 완전하게 이해하기 위해 중시했던 것은 바로 '4원인'과 '4원소'다. 아리스토텔레스는 원인을 알아야 어떤 대상을 이해하는 것이라고 생각해 일반적인 의미보다 폭넓은 차원에서 4원인을 정의했다.

4원인이란 질료인(質料因, 만물을 구성하는 물질의 근원), 형상인(形象因, 만물의 독특한 모양을 만드는 원인), 운동인(運動因, 만물을 움직이게 하거나 정지하게 하는 실제적 힘의 원리), 그리고 목적인(目的因, 그 사물의 궁극적 목적)을 말한다. 아리스토텔레스는 그중 목적인이 결정적인 힘을 가진 원칙이라고 생각하여 목적론적 원리에 따라 자연 현상의 인과관계를 설명했다. 예컨대 의학의 목적은 건강이고, 병법의 목적은 승리이며, 경제의 목표는 부의 획득이라는 것이다. 즉 아리스토텔레스는 경험을 통해 그 원인을 알게 되었을 때 세부적인 목적을 달성하고 마지막에 자연을 완전하게 이해하게 된다고 생각했다.

아리스토텔레스는 4원인에 기초하여 4원소 이론을 심화하고 확장하여 자연에서 일어나는 작용들을 서술했다. 엠페도클레스(Empedoklēs, BC 493~ BC 430)는 물, 불, 흙, 공기의 네 가지 기본 물질을 '리조마타(rhizomata)'라고 불렀는데, 플라톤은 이 리조마타를 '스토이케이온(stoicheion)', 즉 원소라고 불렀다. 특히 수학이나 기하학을 강조했던 플라톤은 한 원소가 다른 원소로 바뀌는 현상을 기하학적 도형(불: 정4면체, 공기: 정8면체, 물: 정20면체, 흙: 정6면체, 제5원소: 정12면체)으로 설명했다. 예를 들어 물이 공기와 불로 분해되는 과정을 "정20면체(물) 하나가 쪼개져 정8면체(공기) 두 개와 정4면체(불) 하나가 된다."고 보았다.

반면에 아리스토텔레스는 감각적 경험에 기초하여 물질의 4원소로 흙(차가움과 건조함), 물(차가움과 습함), 공기(뜨거움과 습함), 불(뜨거움과 건조함)을, 네 가지 기본 성질로 온(뜨거움), 냉(차가움), 건(건조함), 습(습함)을 말했다. 아리스토

텔레스는 이러한 4원소들 사이의 상호 작용을 통해 물질의 변화가 일어난다고 보았다. 이로써 어떤 것이 물 또는 다른 액체로 용해되거나 응고되는 과정을 설명할 수 있었다.

이후 아리스토텔레스의 4원소설은 하나의 믿음으로 받아들여졌고, 오늘날과 같은 수소, 산소, 질소 등 새로운 원소들이 발견될 때까지 서구인이 세상을 바라보는 하나의 눈이 되었다.

서로 다른 세상, 천상계와 지상계

고대에 네 가지 원소는 각각 무게가 달라 그것들이 차지하는 위치도 달랐는데, 그 모습은 아리스토텔레스가 보았던 두 세상에 그대로 드러나 있다. 아리스토텔레스는 세상에 천상계(superlunar: 하늘의 세계, 달 위 세계)와 지상계(sublunar: 지상의 세계, 달 밑 세계)가 있다고 보았다. 당시 사람들은 수정과 같이 투명하고 튼튼한 물체로 만들어진 가상의 구인 천구(天球)가 천상계와 지상계를 둘러싸고 있다고 믿었다.

아리스토텔레스도 "하늘은 구형이고 그 중심에 공 모양의 지구가 고정되어 있으며, 태양과 별 등 천체들은 천구에 박혀 있어서 천구와 함께 움직인다."고 주장하며 천구의 존재를 믿었다. 다만 플라톤이 천구를 관념적인 존재로 보았다면, 아리스토텔레스는 천구를 실재하는 물리적 실체로 보았다.

이러한 생각에서 아리스토텔레스는 천상계와 지상계에 존재하는 물질이 다르다고 보았다. 예를 들어 천상계가 제5원소로 알려져 있는 에테르(ether)로 이루어진 영원히 변하지 않는 세계라면, 지상계는 4원소로 이루어진 변화

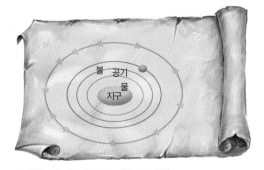

불　공기
물
지구

⦿ 천상계와 지상계를 이루는 원소들의 위치.

가능한 세계였다. 즉, 두 세계는 서로 다른 원소들로 채워져 엄격하게 구분되었던 것이다.

천상계와 지상계를 이루고 있는 원소들은 무게에 따라 위계적 질서를 이루며 서로 다른 위치에 존재했다. 지상계를 이루고 있는 4원소 중 흙과 물은 무거워 우주의 중심을 향하는 본연의 성향이 강했고, 공기와 불은 가벼워 공중으로 상승하는 성향이 강했다. 그러한 까닭에 지상계는 아래부터 위로 흙, 물, 공기, 불의 순서로 위계를 이룬다. 이러한 지상계의 4원소 세계는 달의 천구 아래에서 끝나고, 그 위에 영원하고 완전한 세계인 에테르로 구성된 천상계가 있다.

아리스토텔레스는 지상계와 천상계를 구성하는 물질이 전혀 다르기 때문에 그 물질들의 운동도 각각 다르다고 보았다. 지상계에 외부의 방해 없이 4원소를 가만히 두면 가벼운 공기와 불은 위(달의 천구 바로 아래)로 올라가고, 무거운 흙과 물은 아래(지구의 중심)로 내려오는 직선운동(상승운동과 하강운동)을 한다는 것이다. 아리스토텔레스는 이러한 직선운동을 자연스러운 것으로 보았다. 반면에 지상과 천상이 근본적으로 다른 원소로 이루어져 있기 때문에, 천상계에서 에테르는 시작도 끝도 없는 완전한 운동인 등속원운동을 한다고 주장했다.

지금의 시각에서 아리스토텔레스의 생각은 매우 황당해 보이지만 당시에는 아무도 아리스토텔레스의 주장을 반박할 수 없었다. 아리스토텔레스가 일상의 경험이나 관찰한 사실에 근거하여 물질 이론, 우주론, 운동론을 상호 보완하며 체계적으로 설명했기 때문이다.

　17세기에 새로운 운동 법칙이 나올 때까지 아리스토텔레스의 주장은 오랫동안 그 권위를 유지했다. 하지만 과학 혁명을 거치면서 아리스토텔레스주의 자연철학에서 나타나는 천상계와 지상계의 엄격한 구분과 이를 뒷받침하는 설명에는 상당한 수정이 가해졌다.

지구의 둘레를 계산하다

빛이 있는 곳에는 그림자도 존재하기 마련이다. 그림자는 빛이 통과하지 않아 물체 뒤쪽에 생기는 것인데 우리는 너무나 흔히 볼 수 있고 당연하다고 여기기 때문에 그것에 크게 의미를 부여하지 않는다. 그래서 모래로 영상을 표현하는 샌드 아티스트 장 폴로 교수의 샌드 아트를 보면 빛과 그림자가 만들어 내는 예술에 감탄하게 된다.

그림자 영화 〈프린스 앤 프린세스〉 또한 그림자와 빛이 어우러져 만든 독특하고 환상적인 세계를 그리고 있다. 소심하고 겁 많은 왕자가 용기를 내어 11개의 다이아몬드를 찾아 마법에 걸린 공주를 구하는 이야기, 마녀를 무찌르기 위해 성에 들어갔다가 마녀와 사랑에 빠지는 소년의 이야기, 고대 이집트를 배경으로 싱싱한 무화과 맛에 반한 여왕이 시종의 방해에도 불구하고 순수한 무화과 소년의 정성에 감복하게 되는 이야기, 일본을 배경으로 할머니의 가운을 훔치려는 어리석은 도둑이 도리어 할머니에게 혼나는 이야기, 살인을 즐기는 여왕과 그녀의 잔인함 속에 드리워진 고독을 치유해 주는 조련사 이야기,

마지막으로 황당한 마법의 키스 때문에 개구리, 나비, 코뿔소, 벼룩 등 끝도 없이 다른 동물로 변해 가는 왕자와 공주 이야기 등이 예술적으로 펼쳐진다.

〈프린스 앤 프린세스〉는 단지 연필과 종이, 붓 등 매우 제한된 기법으로 만들어진 '실루엣 애니메이션'이다. 그림자놀이의 원리를 영화에 차용하여 새로운 상상력의 세계를 펼친 것이다. 그림자 속 영화인지, 영화 속 그림자인지 구별이 안 되는 상상력의 세계는 비단 영화뿐만 아니라 그림자를 사랑할 수밖에 없었던 에라토스테네스(Eratosthenes, BC 273?~BC 192?)의 과학에도 드러나 있다.

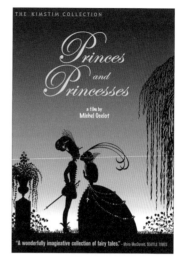

◉ 빛과 그림자의 독특한 향연을 보여 준 애니메이션 영화 〈프린스 앤 프린세스(Princes Et Princesses)〉.

그림자로 지구의 크기를 재다

수천 년 전 사람들은 지구의 크기를 어떻게 쟀을까? 지금처럼 시뮬레이션으로 몇 초 만에 복잡한 계산을 해내는 슈퍼컴퓨터가 없던 시절에 말이다. 신통한 기계는 없었지만 당시 학자들은 지구의 모양이나 지구의 크기를 측정하는 데 관심이 많았다.

에라토스테네스는 그 시대 학자들이 대부분 그런 것처럼 다양한 분야를 두루 섭렵하여 수학자, 천문학자, 지리학자, 역사학자, 철학자, 시인 등으로 불렸다. 그는 당시 세계 최고의 과학·문화 요충지인 알렉산드리아에서 활동하며 실제로 지구의 둘레를 측정한 대표적인 학자다. 지구의 크기를 측정하는 방법을 설명한 『지구의 측정』과 『지리학』 등 수많은 책을 쓰기도 했다. 아쉽게도 대부분의 책이 유실되어 현재 그 글을 살필 수 없으나 『지리학』 중 일부 페이지와 다른 고대 학자들이 남겨 놓은 기록을 통해 에라토스테네스가 시도했던 방법을 추론할 수 있다.

에라토스테네스는 어느 날 도서관에서 나일 강 제일의 급류가 있는 지점에서 가장 가까운 시에네(지금의 아스완, 이집트 남부) 지방에 대해 쓴 파피루스를 읽던 중 새로운 사실을 발견했다. 파피루스에는 다음과 같이 적혀 있었다.

"알렉산드리아 남쪽에 있는 시에네에서 1년 중 낮의 길이가 가장 긴 6월 21일 정오가 되면 사원의 돌기둥 아래 드리운 그림자가 없어지며 햇빛이 깊은 우물 바닥까지 다다른다."

이는 당시 시에네에서 주기적으로 일어나던 사건, 즉 매년 하짓날 정오만 되면 도시 곳곳의 오벨리스크들과 석주들이 그림자를 드리우지 않고 우물마다 마치 거울이라도 되듯이 햇빛을 반사하던 사건을 말하는 것이었다. 오늘날 밝혀진 바에 따르면, 이러한 현상은 햇빛이 지구 중심을 향해 수직으로 내

리쬐는 순간에 일어난다.

　지리학자이기도 했던 에라토스테네스는 시에네와 같은 결과가 나올 것이라고 예측하고 알렉산드리아에서 그림자의 길이를 측정했다. 당시 에라토스테네스는 알렉산드리아가 시에네의 북쪽에 있으며, 두 도시가 거의 같은 경선 상에 있다고 생각했다(그러나 실제로 비슷할 뿐 같지는 않았다). 그래서 그는 6월 21일 하짓날 자신이 머물고 있는 알렉산드리아에서 수직으로 세워 놓은 막대가 정오에 그림

● 에라토스테네스.

자를 드리우는지 관찰했다. 관찰 결과 막대의 그림자가 짧아지기는 했지만 완전히 없어지지는 않았다. 예상했던 결과가 나오지 않자 에라토스테네스는 두 도시에서 그림자의 차이가 발생하는 이유를 밝히고 싶어졌다.

지구의 둘레를 측정하다

　기하학에 정통했던 에라토스테네스는 해시계의 지침, 지침이 드리우는 그림자, 몇 가지 측정과 가정으로 하짓날 정오에 시에네와 알렉산드리아 사이의 실제 거리를 정확하게 측정하는 방법을 찾기 시작했다. 당시 아리스토텔레스를 비롯하여 대부분의 고대 그리스인들이 지구는 둥글다고 생각한 것처럼, 에라토스테네스는 그 해답을 찾기 위해 "지구가 구형에 가깝고, 태양이 지구에서 너무나 멀리 떨어져 있기 때문에 그 빛이 지구에 닿을 무렵에는 평행 광선이 된다."고 가정했다.

　에라토스테네스는 시에네와 알렉산드리아 사이에서 발생하는 그림자의 각

도 차이를 이용하면 지구의 둘레를 잴 수 있다고 생각했다. "호의 길이는 원의 중심각에 비례한다."는 '유클리드의 정리'를 이용하여, 막대를 사용해 지구의 정확한 곡률, 즉 지구의 둘레를 측정했다. 에라토스테네스는 미리 나일강을 따라 이동하는 카라반 대장들에게 알렉산드리아에서 시에네에 이르는 거리를 발걸음 수로 재어 오라고 명하여 두 도시 사이의 거리가 5,000스타디아(stadia)라는 것을 알고 있었다.

마침내 시에네 축제 날 태양이 정상에 떠오른 순간 에라토스테네스는 알렉산드리아 도서관 앞뜰에 바닥과 완벽한 직각을 이루도록 막대를 설치한 후 그림자 길이가 가장 짧은 시각에 그 길이를 측정했고, 태양 광선이 막대의 끝을 지나치는 순간 그 각도를 계산했다. 그 값은 대략 7도 2분(그림자가 만드는 쐐기 모양의 각이 완전한 원의 50분의 1)이었다. 측정한 각이 매우 작다는 것은 그림자의 길이가 짧다는 것과 지구가 대체로 평평하고 지구의 둘레가 매우 크다는 것을 뜻했다(만약 각이 크다면, 그것은 그림자의 길이가 길다는 것이고 지표의 굴곡이 심하며 지구의 둘레가 짧다는 뜻이다). 지구가 평평하다고 믿지 않았던 당시의 분위기에서 에라토스테네스의 측정은 새로운 발견이었다.

이후 에라토스테네스는 시에네와 알렉산드리아에서 생기는 각도의 차이와 두 도시 사이의 거리를 이용하여 지구의 둘레를 계산했다. 그가 계산한 지구 둘레의 값은 25만 2,000스타디아였다. 즉 '7도 12분 : 360도 = 5,000스타디아 : x'라는 방정식에 따르면, 알렉산드리아와 시에네 사이의 거리는 총자오선 길이의 50분의 1에 해당되므로 5,000스타디아에 50을 곱한 25만 스타디아가 지구의 둘레였다. 이유는 알 수 없지만, 이후 그는 그 결과를 25만 2,000 스타디아로 수정했다.

스타디아 혹은 스타데(stade)라는 단위는 그리스의 경주로(路) 길이를 가리키는 것으로 도시마다 차이가 있었다. 현재까지 스타디아의 길이는 정확하게 알려지지 않았지만, 에라토스테네스가 측정한 값은 오늘날의 단위로 환산하면 4만 225킬로미터 정도다. 오늘날 지구 둘레가 실제로 측정한 평균값이 4만 킬로미터라고 할 때, 에라토스테네스가 측정한 값은 10퍼센트 이내의 오차가 날 뿐이다.

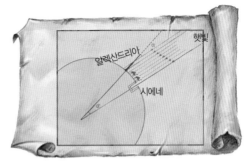

● 에라토스테네스의 지구 둘레 측정.

에라토스테네스가 시도했던 실험에 대해 기술한 문헌이 유실되었기 때문에 그가 어떠한 실험을 했는지 정확하게는 알 수 없다. 다만 에라토스테네스가 밭이나 도로를 측량하거나 건물이나 다리를 만들기 위해 고안한 평범한 측정 도구들을 이용하여 지구의 둘레를 측정했을 것이라고 짐작할 수 있다.

로마의 역사가이자 문필가였던 플리니우스(Gaius Plinius Secundus, 61?~113?)는 『박물지』에서 에라토스테네스를 가리켜 지구 둘레를 재는 데 '두드러진 권위자'라 칭했고, 그의 실험은 대담하며 그의 추론은 섬세하고 그의 수치는 "널리 받아들여지고 있다."고 기술했다.

하늘의 지도를 완성하다

서기 2058년, 최첨단 과학 문명이 발달한 미래 사회는 어떤 모습일까? 영화 〈로스트 인 스페이스〉에서 우주 과학자 로빈슨 박사는 가족과 함께 주피터 2호 냉동 캡슐을 타고 대체 에너지의 고갈, 테러 집단의 출몰, 연일 계속되는 전쟁의 고통을 안고 있는 지구를 떠나 인류의 새로운 주거지로 지목된 알파 프라임 행성을 향해 멀고도 긴 항해를 시작한다.

주피터 2호는 항해 도중에 악당들에게 쫓겨 길을 잃고 헤매다가 기내 고장으로 이글거리는 태양의 불구덩이 속으로 빨려들어 간다. 주피터 2호는 가까스로 위기를 모면하지만 다시 위치를 알 수 없는 우주에서 멈춰 버린다. 우주 미아가 된 일행은 위기 상황에서 벗어나기 위해 다양한 방법을 시도한다. 먼저 그들은 자신들이 어디에 있는지 확인하기 위해 별자리를 관찰한다.

예로부터 사람들은 불확실한 삶에 대한 답을 얻고자 자연의 변화에 지속적으로 관심을 가졌는데, 그중 가장 잘 알려진 방법이 별자리 관측이었다. 별자리의 형태나 특이한 움직임이 인간사의 길흉을 미리 보여 주는 점성술의 역할을 한 것이다. 또한 별자리는 낯선 곳에서 길을 찾는 선원이나 여행자가 자신의 위치를 파악하는 방법으로도 이용되었다.

별자리는 지구에서 아득히 멀리 있는데, 실제로 같은 별자리를 이루는 각각의 별끼리도 상당히 멀리 떨어져 있어서 하늘의 지도를 완성한다는 것은 너무나 어려운 일이었다. 그러나 2058년에 살고 있는 영화 속 주인공들은 하늘의 지도에 그려진 별자리를 관측하며 자신들의 위치를 찾는, 지금으로선 상상하기 어려운 모습을 보여 준다.

◉ 영화 〈로스트 인 스페이스(Lost In Space)〉.

지구는 태양의 주위를 돈다

일식과 월식, 혜성이나 유성을 흉조로 여기던 시대에 사람들은 별의 운동이 이상하면 땅 위에 살고 있는 인간에게 무서운 재앙이 내린다고 생각하며 노심초사했다. 그들이 보기에 하늘은 완전한 세상이어서 아무 변화도 없어야 했다.

기원전 150년쯤에 하늘을 관측하고 새로운 별을 발견하는 데 몰두한 사람이 있었으니, 바로 그리스의 천문학자이자 관측천문학의 대가로 알려진 히파르코스(Hipparchos, BC 190?~BC 120?)이다. 로마의 역사가인 플리니우스가 "히파르코스가 행성들을 조사하게 된 계기는 초신성(超新星) 때문이다."라고 기술한 것처럼, 기원전 134년 무렵에 아리스토텔레스가 영원히 불변하는 존

● 히파르코스는 인간의 눈으로 볼 수 있는 별빛의 변화를 활용하여 중요한 별들을 여섯 등급으로 분류하였다.

재라고 말했던 하늘에 초신성이 나타났다. 당시 학자들은 아리스토텔레스의 자연관을 종교처럼 믿고 따랐기 때문에 불변의 존재로 여겼던 항성계(恒星系)에 신성이 출현한 일은 놀랄 만한 사건이었다.

그 사건을 지켜보던 히파르코스는 별의 위치와 밝기가 정확히 기록된 목록이 있다면 하늘에서 일어난 변화를 쉽게 파악할 수 있다고 생각했다. 그러던 차에 히파르코스는 기원전 135년에 밤하늘에서 새로운 별 하나가 막 나타나는 것을 발견했다. 새로운 별을 발견한 히파르코스는 더 원대한 계획을 세워 1,080개의 별을 관측한 후 기하학적 모델을 사용하여 직접 천체의 위치를 계산한 값과 고대의 기록을 비교했다. 그 결과 그는 대략 850여 개에 이르는 별들의 위치와 밝기를 자세히 기록한 최첨단 성도(星圖), 즉 하늘의 지도를 완성했다.

당시 히파르코스는 알렉산드리아 도서관에 산더미처럼 쌓여 있는 이집트와 바빌로니아의 천문 기록을 자신이 완성한 성도와 비교 및 대조하는 과정에서 새로운 천문 현상을 발견했다. 바로 춘분점과 추분점이 그 위치를 서서히 바꾼다는 것이었다. 히파르코스는 특히 황도 12궁의 가장 유명한 별자리인 처녀자리의 별 스피카(1등성)의 위치를 눈여겨본 후 티모카리스 성도와 자신의 성도를 비교했다. 자신의 성도를 보면 추분점이 황도 12궁 처녀자리의 별 스피카에서 6도가량 떨어져 있는 반면에, 티모카리스 성도에는 추분점이 스피카에서 8도가량 떨어져 있었다. 두 성도 사이에 2도 정도의 차이가 있었다.

히파르코스는 이 문제를 오랫동안 고민한 끝에 세차운동이 원인이라고 보았다. 그는 힘차게 도는 팽이가 멈추기 직전에 비틀거리며 팽이의 축이 작은 원을 그리듯 지구 자전축의 북극성이 회전한다는 세차운동 이론을 생각한 것이다. 그는 기하학적 모델을 적용하여 정량적으로 측정하고 계산한 끝에

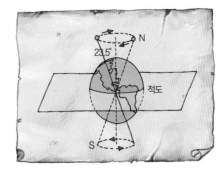

● 히파르코스의 세차운동.

연중 세차율이 45초임을 발견했는데, 그 수치는 오늘날의 연중 세차율인 50.27초에 근접한 값이다. 세차운동의 발견은 태양중심설, 지동설이 타당하다는 사실을 입증했다는 점에서 중요한 의미를 지닌다.

별의 밝기를 측정하다

질서와 조화를 중시했던 히파르코스는 인간의 눈으로 볼 수 있는 별빛의 변화를 활용하여 중요한 별들을 여섯 등급으로 분류했다. 그는 기원전 129년 경 별의 외관상 밝기가 희미해지는 순서에 따라 가장 밝은 별을 1등성으로 정하고 아주 희미하여 겨우 보이는 별을 6등성으로 정한 후 그 사이의 별을 네 등급으로 나누었다. 별까지 거리는 모두 다르기 때문에, 실제로 아주 밝은 별이라도 멀리 떨어져 있으면 육안으로는 어두운 별로 보였다. 히파르코스가 나눈 별의 등급은 별의 실제 밝기를 고려하지 않았기 때문에 '겉보기 등급'이었다고 할 수 있다.

히파르코스가 완성한 별의 밝기 분류법은 거의 2,000년 동안 사용되었고,

그동안 사진 촬영술이 발전하면서 별의 등급이 더 정량화되었다. 이후 천문학자들은 별의 밝기(물리학적 의미에서 단위시간에 별이 방출하는 전체 에너지의 양)를 설명하기 위해 별이 항상 지구에서 같은 거리에 있다고 가정할 때 갖는 별의 표면적인 등급인 '절대 등급'이라는 새로운 개념을 도입했다.

히파르코스가 썼다고 알려진 기록 중 지금까지 전하는 것은 아무것도 없다. 다만 그로부터 200년 후 수학자이자 지리학자이며 점성가이기도 했던 프톨레마이오스(Klaudios Ptolemaeos, 85?~165?)는 당시 널리 퍼져 있던 지식을 모아 일종의 백과사전인 『알마게스트(Almagest, 위대한 책)』를 출간했다. 이 책은 메소포타미아 인들이 사용했던 기록이나 히파르코스가 전해 준 별의 목록 등을 체계적으로 종합한 것으로 13권으로 이루어져 있다. 『알마게스트』는 500여 년 동안 축적된 수학과 천체 관측 결과를 라틴 어로 종합한 천문학 교과서 역할을 했다. 프톨레마이오스는 이 책을 통해 '고대 천동설의 완성자'

라는 명성을 얻기도 하였다.

플리니우스는 『박물지』에서 프톨레마이오스에게 위대한 지위를 안겨 준 히파르코스의 연구에 대해 이렇게 칭송했다.

"그는 후손을 위해서 별의 수를 세었고 별자리에 이름을 붙였는데, 이는 신조차 물러서게 만드는 위업이었다. 각 별의 위치와 크기를 재는 기구를 발명하여 사람들이 별이 생겼다 사라지는 것뿐만 아니라 몇몇 별이 움직이고 커지고 줄어드는 것까지 쉽게 알아볼 수 있게 했다. 그리하여 히파르코스는 모든 사람들에게 하늘의 유산을 남겨 주었다."

가짜 금관의 비밀을 밝히다

1990년대, 과학자들이 첨단 장비를 동원하여 수십 년 전에 침몰한 타이타닉 호 안에 있을지도 모를 보물을 찾기 위해 탐사를 벌이고 있다. 1998년 당시 영화사 100년 동안 가장 많은 사람이 관람한 영화 〈타이타닉〉의 시작 장면이다.

영국의 호화 여객선 타이타닉 호는 1912년에 1,503명의 승객을 태우고 출항하여 목적지까지 대략 절반 정도 남겨 둔 지점에서 갑자기 심한 안개에 휩싸이고 말았다. 혹자는 그 순간을 이렇게 묘사했다.

"망루 감시원이 '앞쪽에 파도!'를 외쳤다. 다음 순간 우측 뱃머리 바로 아래에 거대한 빙산이 보였다. 즉시 키를 좌현으로 바짝 돌려 배는 빙산과 나란히 서게 되었다. 바다는 점차 조용해졌고, 이렇게 해서 돛의 활대들이 빙산과 닿게 되었다. 활대들이 부러지기 전에 빙산과 몇 번 부딪쳐서 커다란 얼음덩이들이 갑판으로 쏟아져 내렸다."

타이타닉 호를 침몰시킨 이 빙산의 위력은 얼마나 컸을까? 빙산은 물로 만들어졌지만, 빙산의 밀도는 물의 밀도보다 낮다. 그래서 빙산의 무게에 해당하는 바닷물의 부피만큼 물에 잠기고 그 부피만 한 물의 무게만큼 힘(부력)을 받아 빙산이 물에 뜨는 것이다. 빙산의 약 90퍼센트는 물속에 잠겨 있고, 10퍼센트 정도만 물 밖으로 보이는 것은 이

◉ 그리스 신화의 타이탄(Titan)족의 이름에서 유래한 타이타닉(Titanic) 호는 영국 화이트스타 사가 1911년에 건조한 대형 호화 여객선이다.

때문이다. 이러한 모습에서 유래하여 실체의 대부분은 보이지 않고 매우 작은 부분만 노출된 현상을 '빙산의 일각'이라고 한다. 즉, 겉으로는 아주 작은 부분만 보이더라도 그 아래에 아주 거대한 빙산이 꿈틀거리고 있다는 것이다.

아르키메데스(Archimedes, BC 287?~BC 212)가 바다 위에 떠다니는 빙산을 보았다면 어떻게 설명했을까? '빙산의 일각'을 설명한 아르키메데스의 원리를 좀 더 자세히 살펴보기로 하자.

금관의 진위를 밝혀라

어떤 어려운 문제에 직면한 과학자들은 그 문제를 풀기 위해 오랫동안 골똘히 생각하고, 그것을 수학적 방법으로 서술하고, 그 풀이가 맞으면 온 세상을 얻은 듯이 기뻐한다. 우리가 잘 알고 있듯이 "유레카(알아냈다)!"를 외치며 대로변을 달리던 아르키메데스도 그랬다.

'근대과학의 할아버지'라고 불리는 아르키메데스는 알렉산드리아에서 유

클리드의 제자였던 코논의 문하에서 순수수학뿐만 아니라 응용수학이나 기술 등 다양한 분야를 공부했다. 이론과 실제를 겸비한 아르키메데스는 알렉산드리아에서 공부했던 시기를 제외하고 평생 시라쿠사(Siracusa, 당시 그리스의 일부로 시칠리아 섬의 남동쪽 해안가에 있던 도시)에서 왕의 고문으로 활동하며 수많은 실험과 발명을 하면서 새로운 과학의 길을 모색했다.

시라쿠사의 히에론 왕은 금 세공인에게 필요한 만큼 금을 제공하며 신전에 봉헌할 금관을 만들라고 명했다. 일반적으로 왕관으로 알려진 금관은 고대 올림픽 우승자에게 수여하던 월계관 같은 형태의 상징물이었다고 한다. 히에론 왕은 약속된 날짜에 아름답게 만들어진 금관을 보고 매우 만족했으나, 얼마 뒤 금 세공인이 금의 일부를 가로채고 금관에 다른 것을 넣었다는 소문이 파다하게 퍼졌다.

그 소문을 들은 왕은 화가 나서 소문의 진위를 가리기 위해 금관의 무게를 달아 보았으나 왕이 금 세공인에게 주었던 금의 무게와 같았다. 히에론 왕은 금 세공인이 잘못하지 않았다는 결론을 얻었지만 의구심이 풀리지 않았다. 왕은 의문을 풀기 위해 아르키메데스에게 금관이 순금으로 만들어졌는지 확인하라고 명했다. 아르키메데스는 난감했다. 신전에 바칠 관이니 부수거나 녹일 수도 없었다. 새로운 방법으로 왕의 명을 수행할 수밖에 없었다.

⦿ 〈생각하는 아르키메데스(Archimedes Thoughtful)〉, 도메니코 페티(Domenico Fetti), 1620, 독일 알테 마이스터 미술관(Alte Meister Museum).

고대 그리스인들은 '물체의 무게가 부피에 비례한다.'고 생각했다. 그러나 헬레니즘 시대의 사람들은 그것이 사실과 다르다는 것을 알았다. 특히 헬레니즘 시대에는 금이 같은 부피의 은보다 훨씬 무겁다는 사실이 널리 알려져 있었고, 정육면체와 같이 규칙적인 모양을 가진 금덩이나 은덩이의 부피도 정확하게 잴 수 있었다. 그러나 금관과 같이 불규칙한 모양을 가진 물체의 부피는 정확하게 재지 못했던 까닭에, 아르키메데스의 고민은 이만저만이 아니었다.

거의 울상이 된 아르키메데스는 머리를 식히기 위해 욕조에 들어갔는데 물이 흘러넘치는 것을 보고 화들짝 놀랐다. 그 순간 금관의 진위 문제에 대한 해답을 얻은 것이다.

그로부터 200년 후 로마의 건축가 비트루비우스(Marcus Vitruvius Pollio, 기

원전 1세기 활약)는 "아르키메데스는 너무나 기쁜 나머지 옷도 걸치지 않고 시라쿠사 대로를 내달리며 '유레카, 유레카!' 라고 외쳤다."고 전했다. 많은 사람들이 알고 있는 이 일화가 실화인지는 확실하지 않지만, 만약 그렇다고 하더라도 다소 과장되었음은 짐작할 만하다.

아르키메데스 원리

아르키메데스는 먼저 금관과 무게가 같은 순금 한 덩이와 순은 한 덩이를 각각 준비했다. 물이 가득 담긴 그릇에 순금을 넣고 흘러넘친 물의 부피를 잰 다음 같은 방법으로 순은을 넣어 흘러넘친 물의 부피를 쟀다. 아르키메데스는 흘러넘친 물의 부피를 비교하여 그 안에 담긴 것이 순금인지 순은인지 구분했다. 마지막으로 물이 담긴 그릇에 왕이 준 금관을 넣고 흘러넘친 물의 부피를 쟀다. 그리고는 동일한 무게의 순금덩이와 순은덩이를 차례로 넣었을 때 흘러넘친 물의 부피와 비교했다.

금관을 넣었을 때 흘러넘친 물의 부피는 순금을 넣었을 때보다 컸으나 순은을 넣었을 때보다 작았다. 즉, 금관을 넣었을 때 흘러넘친 물의 부피는 순금과 순은의 중간에 위치했다. 이를 통해 아르키메데스는 금관이 순금으로 제작되지 않았다는 사실을 알아냈고, 금관에 금 대신 은이 얼마나 들어갔는지까지 계산했다.

아르키메데스가 실험에서 사용한 금은 밀도가 높은 금속이다. 금 한 덩이(밀도: 19.3g/cm³)는 은 한 덩이(밀도: 10.49g/cm³)보다 훨씬 무겁다. 나뭇조각 1킬로그램과 납덩이 1킬로그램은 무게가 같지만 부피가 다르듯이, 아르키메데스는 물질들의 무게를 같게 하고 흘러넘친 물의 부피를 측정하여 금관의 진위를 가린 것이다.

　오늘날 유체역학의 기본 원리로 알려진 '아르키메데스의 원리', 혹은 '부력의 원리'는 앞의 일화에 나온 실험에서 시작되어 지금까지 전해져 오고 있다. 수백 톤이 넘는 강철로 만들어진 무거운 배가 물 위에 뜨는 것은, 물속에 들어가면 몸이 물 위로 뜨는 느낌을 받는 것은, 모두 부력의 원리와 관련이 깊다.

　아르키메데스는 도무지 증명할 길이 없었던 어려운 문제들을 '간단한 실험'을 통해 기본 원리와 그 이론을 정확하게 파악했을 뿐만 아니라 수학과 물리학을 도입하여 여러 가지 발명품을 고안했다.

　오늘날 '근대과학의 아버지'라고 불리는 갈릴레이나 뉴턴 등이 이와 같은 아르키메데스의 과학적 활동에 자극받아 새로운 과학적 내용을 이끌어 냈다는 점에서, 아르키메데스는 '근대과학의 할아버지'로 불린다.

아르키메데스는 전쟁무기 전문가?

기원전 214년경 로마 군대가 시라쿠사를 공격하자 아르키메데스는 73세라는 만년의 나이에도 불구하고 수학과 물리학 원리를 적용하여 각종 전쟁용 기계를 발명했다. 도르래 몇 개, 수직 혹은 수평으로 난 원형 아치, 규칙적인 간격으로 지은 매듭, 그리고 투석기 등이 그것이다. 투석기는 250킬로그램에 달하는 돌덩이를 적을 향해 날려 보낼 정도로 위력이 대단했고, 여섯 번 발사하면 그중 한 번은 명중했다.

아르키메데스가 고안한 각종 도구들 덕분에 시라쿠사는 로마 군대의 전함에 큰 돌을 던져 해안에 접근하는 것을 막을 수 있었다. 당시의 기록을 보면 "아르키메데스가 고안한 거대한 기중기가 어마어마하게 큰 돌을 날려 (로마) 군대가 공포에 떨었다."라고 적혀 있다. 또한 플루타르코스는 『영웅전』에서 그 위력을 "육지의 보병에게 돌을 빗발치듯 쏘아 보내고, 기중기로 군함을 매달아 올리고 휘둘러 부쉈다. (중략) 결국 로마의 병사들은 모두 엄청난 공포에 사로잡혀 성벽에 밧줄이나 나무로 만든 도구가 조금이라도 눈에 띄면, 아르키메데스가 뭔가 기계를 작동하고 있다고 여겨 소리를 지르면서 도망치기 일쑤였다."라고 기록했다.

이 외에 아르키메데스는 지레와 도르래의 원리를 적용하여 '아르키메데스 나사'를 만들었다. 이 나사의 한쪽 끝을 비스듬히 물속에 넣고 인력으로 내부의 나사를 회전시키면, 아래쪽의 물이 나사 모양의 빈 공간을 타고 올라온다. 이것은 하천의 물 등을 높은 곳으로 올리는 도구로 쓰였고, 지금도 많은 지역에서 밭에 물을 대는 데 쓰이고 있다. 당시 물이 자동적으로 높은 곳으로 올라가는 모습에 찬탄을 자아내는 사람들도 많았다고 한다.

많은 사람들은 아르키메데스를 로마 군대를 막기 위해 온갖 무기와 실용적 용품들을 발명해 낸 과학자 정도로 알고 있었다. 그러나 아르키메데스는 당시 물리학과 수학을 접목하여 각종 도구를 발명했을 뿐만 아니라 그 발명품에 적용된 수학적 원리들을 중요하게 여겼다. 그 수학 공식들은 한동안 침묵 속에 묻혀 있다가 8~9세기에 이르러 이슬람에서 아랍 어로 번역되었다. 1,000년 가까이 어둠 속에 묻혀 있던 성과가 비로소 빛을 본 것이다. 그의 수학적 이론들은 상당 부분 이슬람 수학의 근원이 되었다. 그러나 유럽에서 그의 이론이 회자되기까지는 한참의 시간이 걸렸다.

16세기 이전까지 유럽에서는 소수의 사람들만이 아르키메데스의 저작을 사본의 형태로 부분적으로 알고 있었다. 16세기 중반에 이르러야 아르키메데스의 그리스 어 원문과 주석이 붙은 라틴 어 번역본이 스위스와 이탈리아에서 출판되면서 아르키메데스 저작의 전모가 널리 알려졌다. 당시의 수학자들이 아르키메데스의 저작을 이해하고 그 내용을 발전시키는 데에는 오랜 기간이 걸렸지만, 아르키메데스가 연구한 넓이, 부피, 무게 중심을 구하는 이론과 기법은 비약적으로 발전했다. 이는 17세기 전반 무한소기하학을 거쳐 17세기 후반에 뉴턴과 라이프니츠가 미적분을 연구하는 기반이 되었다.

현대 의학이 시작되다

"나는 치료의 신 아폴로와 아스클레피오스와 히기에이아와 파나케이아와 다른 모든 신들과 여신을 두고 그들을 증인으로 삼아 맹세하노니, 나의 능력과 판단에 따라 이 선서와 서약을 지키겠노라."

이 말은 그 유명한 '히포크라테스 선서'의 한 구절이다. 모든 의사가 따라야 할, 아니 꼭 지켜야 할 믿음의 선서. 영화 〈패솔로지〉는 의사들이 '히포크라테스 선서'에 따라 본분을 다한다는 믿음을 완전히 뒤집어 버린 영화다.

천재 의사들의 위험한 '살인 게임'이라는 충격적 소재를 다룬 〈패솔로지〉는 의문의 죽음을 밝히는 병리학실을 배경으로 천재성을 과시하려는 젊은 의사들의 숨 막히는 대결을 그리고 있다. 패솔로지(pathology)는 병의 원리를 밝히기 위해 병의 상태나 병체의 조직 구조, 기관의 형태 및 기능의 변화 등을 연구하는 기초 의학인 병리학을 지칭하는 것으로, 부검의들이 바로 대표적인 병리학 의사들이다.

병리학 프로그램에 참여하는 의사들은 '히포크라테스 선서'에 맞게 사람을 살리는 신성한 목적의 의료 활동보다 '수술은 완벽하게, 살인은 쿨하게'라는 영화 포스터의 카피처럼, 누가 더 완벽한 살인을 하느냐에 초점을 맞춰 쿨(?)하게 사람을 살해하고 그 방법을 알아맞히는 내기를 밤마다 벌인다. 그들은 "이런 짓을 하는 우린 짐승이야."라고 말하면서도 살인 게임을 멈추지 않는다.

이 영화는 도덕적 양심과 사회적 윤리에 맞지 않다고 치부할 수 있지만, 히포크라테스(Hippokrates, BC 460?~BC 377?)의 자손으로서 제 역할을 하는 의사들과 짐승같이 살인을 일삼는 이들의 모습을 통해 인간의 이중성을 보여 주고 있다. 모든 인간이 지닌 추악함이 엘리트 계층으로 알려져 있는 의사들의 두뇌 싸움, 혹은 살인 게임에서 적나라하게 드러나는 것이다.

● 영화 〈패솔로지〉는 의문의 죽음을 밝히는 병리학실을 배경으로 천재성을 과시하는 젊은 의사들의 숨 막히는 대결을 그리고 있다.

모든 의사가 사람을 살린다는 것은 어찌 보면 거짓말일지 모른다. 그러나 히포크라테스의 자손이라고 불리는 의사들이 환자를 살리기 위해 노력하는 모습은 모든 이들이 바라는 바다. 그러한 의사들이 추구했던 삶, 그 삶이 시작되던 고대의 모습으로 잠시 들어가 보자.

인체를 구성하는 네 가지 체액

지금도 병에 걸리면 굿이나 푸닥거리를 하는 것처럼, 아주 옛날 사람들은 병에 걸리면 신이 벌을 내렸다고 생각했다. 물론 병을 치료할 수 있는 사람은

◉ '의학의 아버지' 히포크라테스.

신의 역할을 부여받았다고 여겨지는 성직자들이었고, 그들은 기도나 주문 등 주술적 활동으로 병을 치료했다. 이것에 반기를 든 사람이 있었으니 바로 '의학의 아버지' 히포크라테스다.

히포크라테스는 '의술의 신'으로 알려진 아스클레피오스의 후손으로 대대손손 의학적 전통을 이어받은 가문에서 태어나 아버지에게 전문적인 의술 교육을 받았다. 히포크라테스 시대부터 체계적인 관찰과 추론 등을 강조하는 합리적 의학이 나타나고 있었고, 후세까지 이름을 날리는 유명한 의학 교육 기관은 물론 '전업 의사'들이 등장했다. 이 전업 의사들은 대표적으로 히포크라테스가 출생하고 주로 활동한 코스와 크니도스, 피타고라스 학파의 거점인 시칠리아의 크로톤 등지의 주요 의학 기관에서 교육을 받은 후 활동했다.

히포크라테스는 의학적 경험과 전문 지식에 기초하여 사람이 병에 걸리는 것은 귀신이 몸속에 들어오거나 신이 형벌을 내리기 때문이 아니라 자연적인 원인 때문이라고 보았다.

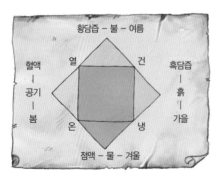
◉ 히포크라테스의 4체액설.

히포크라테스를 중심으로 히포크라테스 학파는 질병을 신체적 부조화 현상, 즉 인체 내에서 서로 맞서고 있는 힘들의 균형이 깨져 나타난 현상이라고 보았다. 이는 기본적으로 인체의 생리나 병리에 관한 체액론에 근거를 둔다. 네 가지 체액은 혈액(다혈질), 점액(점액질), 황담즙(담즙질), 흑담즙(우울질)

이다. 이 체액들은 인체의 각 기관과 관련되어 있는데 심장에서 나오는 혈액은 따뜻하고 습하고, 뇌에서 나오는 점액은 차고 습하며, 간에서 나오는 황담즙은 따뜻하고 건조하고, 비장에서 나오는 흑담즙은 차고 건조하다. 히포크라테스는 이들이 조화를 이루어 건강한 상태를 '에우크라지에(eukrasie)' 조화가 깨져 질병이 생긴 상태를 '디스크라지에(dyskrasie)' 라고 불렀다. 히포크라테스는 체액론에 기초해 의사들이 신체적 부조화 현상을 치료할 수 있다고 보았다. 또한 그는 "자연은 질병을 치유하는 힘을 가지고 있으며, 자연의 치유 과정을 방해해서는 안 된다. 자연과 합작하고 자연을 돕는 것, 그것이 바로 의사가 병을 치료하는 방법이다."라고 말했다.

히포크라테스의 체액론은 완전히 새로운 개념은 아니었지만 더 합리적인 의미가 있다는 점에서 의의가 있었다. 나중에 철학자들은 이 체액론을 그리스 인들이 우주의 기본적 요소라고 믿었던 불, 물, 공기, 흙과 연관 지어 더욱 그럴듯한 것으로 만들었다.

의사와 환자의 만남, '히포크라테스 선서'

그리스 의학의 진수를 보여 주는 『히포크라테스 전집(Corpus Hippocraticum)』은 히포크라테스 의학의 이론적 근거이자 실천적 지침서로서 고대 이래 현재까지 연구되고 있다. 약 100권으로 편집된 이 전집은 히포크라테스가 저술한 것으로 알려져 있으나, 시대와 지역을 달리하는 여러 명의 저자가 서술했을 것으로 추측되고 있다. 이 의학서는 단순한 사변적·가설적 의학을 버리고 환자의 상태를 중시하는 합리적 의학을 추구하고 있다.

히포크라테스 학파는 환자의 환경과 생활방식의 관점에서 질환을 이해하기 위해, 일상생활 전체(환자의 나이, 성, 체질, 운동, 목욕, 수면, 성생활 등 다양한 요소를 포괄하는 폭넓은 개념)를 오랫동안 관찰했을 뿐만 아니라 질병의 진행 과정에서 나타나는 변화들을 눈여겨보았다. 이는 히포크라테스 이전의 의사들이 전통에 따라 배변과 구토 등의 배출, 출혈을 유도하는 절개, 소작(약품이나 전기로 병 조직을 태우는 치료법) 등 세 가지 치료법을 사용한 것과는 다른 점이 있다. 또한 히포크라테스 학파는 자연적 치료를 유도하기 위해 신중하게 처방된 식단과 운동을 강조하고 철학적 체계화에 따른 정신 요법을 제시했다. 히포크라테스 학파의 의학은 본질적으로 이론적 고찰보다 임상적 관찰을 중시한 것이었다.

히포크라테스의 가르침은 대부분 의사와 환자 사이의 관계에 역점을 두고 있다. 히포크라테스는 '의술은 아픈 사람들을 치료하기 위해 존재하는 것이지 명사(名士)들에게 봉사하기 위해 존재하는 것은 아니'라고 믿었다. 그러한 믿음에서 그는 학생들에게 환자들을 자주 만나고, 환자들의 신뢰와 협조를 얻기 위해 노력하고, 환자의 가족들을 존중하라고 가르쳤다. 예를 들어『히포크라테스 전집』 중에는 "의사는 자신의 임무를 다해야 할 뿐만 아니라 환자와 간병인, 그리고 외부의 협조를 보장해야 한다." 등의 격언이 있다.

특히 히포크라테스는 '히포크라테스 선서'에서 의학의 윤리적 면을 강조했는데, 이 선서에는 "환자의 건강과 생명을 첫째로 생각하고, 환자가 알려준 모든 비밀을 지키고, 환자의 치료에 온갖 정성을 다해야 한다." 등 환자를 위해 일하는 의사의 의무에 대해 자세히 논하고 있다. 이 선서는 환자와 의사 사이의 신뢰와 신성함을 강조해 지금까지 인도주의적 의학 풍토 조성에 기여하고 있다.

합리적 의학과 임상 치료를 중시하는 히포크라테스의 사상은 그리스에서 로마로, 로마에서 아랍으로, 아랍에서 중세 유럽을 거쳐 오늘날에 이르고 있다. 현대 의학이 강조하는 자연주의적이고 합리적 특성이 이때부터 뚜렷이 나타나고 있었고, 우리는 이 때문에 고대 그리스 의학을 '현대 의학의 뿌리'로, 히포크라테스를 '의학의 아버지'라고 부르고 있다.

연금술, 화학의 시작을 알리다

일본 애니메이션 〈강철의 연금술사〉에서 연금술사인 에드워드(에드)와 알폰스(알) 형제는 어머니를 되살리기 위하여 '인체 연성'을 시도했다가 연금술 최대의 금기를 범한다. 왼쪽 다리를 잃은 에드는 자신의 오른팔과 바꿔 육체를 잃어버린 알의 영혼을 연성하여 갑옷에 장착시키고, 자신은 오토메일(auto mail, 기계 갑옷)로 의수와 의족을 만들어 장착한다.

● 〈강철의 연금술사(鋼の錬金術師, Full Metal Alchemist)〉는 원래의 육체를 되찾기 위해 현자의 돌을 찾아 여행을 떠나는 형제의 이야기를 담은 애니메이션이다.

에드는 잃어버린 모든 것을 되찾기 위해 연금술에 매달려 열두 살이라는 어린 나이에 국가 연금술사의 자리에 오르게 된다. 군부가 지배하는 국가에서 군 소속인 국가 연금술사가 된다는 것은 "대중을 위해 존재하라."는 연금술사의 기본 사상에 위배되었기 때문에 사람들은 국가 연금술사를 '군부의 개'라고 부르며 배척

했다. 그러나 에드는 동생의 몸을 되찾고, 연금술의 기본인 등가교환의 법칙과 질량보존의 법칙에 얽매이지 않는 '현자의 돌'을 찾기 위해 그 지위를 포기할 수 없었다.

에드는 자신이 원하는 현자의 돌을 찾을 수 있을까? 이들의 모습은 오늘날에도 연금술이 크게 발달한 이슬람 사회에서 흔히 볼 수 있다.

금을 만들 수 있다고 믿어라

금은 나무, 돌, 철처럼 생활필수품으로 쓰이기 힘들기 때문에 실용적인 기능은 없지만 옛날부터 값어치 있는 물건으로 여겨졌다. 그러한 생각은 변함없이 지속되었고 값싼 금속을 금으로 바꾸려는 시도도 끝이 없었다. 오늘날 어떤 사물의 성질을 바꾸어 새로운 것을 만들어 내는 데 능숙한 사람을 연금술사라고 부르는 것도 이러한 연금술의 특징을 말해 주는 예다.

연금술을 둘러싼 전설은 헤아릴 수 없이 많지만 연금술이 무엇이고 연금술사들은 누구였는지, 그리고 그들이 금을 만들기 위해 어떤 비법을 사용했는지는 알려지지 않고 있다. 이러한 의문들을 이해하려면 고대 현인들의 사상, 즉 플라톤이나 아리스토텔레스의 4원소설은 물론 피타고라스의 명제들과 데모크리토스의 원자론 등으로 거슬러 올라가는 과정이 필요하다.

일반적으로 연금술은 하느님이나 신들을 이해하고 구원을 찾으려는 종교적인 목적과 값싼 금속을 금으로 바꾸려는 세속적인 목적에서 이루어졌다. 특히 종교적 차원에서 이루어진 연금술은 점성술과 종교적 의미가 혼합되어 그 결과는 비밀스럽게 기록되었다. 기호나 암호 등으로 표기되어 의미가 애

매한 것들이 부지기수다.

　세속적 연금술사들은 금을 만드는 과정을 연금술과 마술이 서로 얽힌 것으로 보았다. 당시 아리스토텔레스는 '땅속에서 금이 자연적으로 만들어지기까지는 너무나 오랜 시간이 걸린다. 어떻게 하면 그 시간을 단축할 수 있을까?' 하고 생각했다. 이러한 아리스토텔레스의 연금술에 대한 생각은 여러 연금술사들에게 영향을 미쳤고, 그 과정에서 자신들의 관찰과 경험에 비추어 보이지 않는 물질과 볼 수 있는 물질 사이에 새로운 중간물질을 더하는 방법이 논의되었다.

　많은 연금술사들은 모든 물질이 흙, 물, 공기, 불의 4원소로 이루어져 있으며, 물질이 서로 다른 성질을 나타내는 것은 물질을 구성하는 네 가지 원소의 구성 비율이 다르기 때문이라고 보았다. 이후 많은 양의 금을 얻기 위해 이러한 4원소설에 기초하여 자신만의 주문이나 의식과 마법, 물질의 혼합과 가열

방법 등을 달리하면서 금을 만드는 과정이 활발히 진행되었다.

화학의 발달을 가져온 연금술

금을 만드는 행위는 특정한 철학적 전제 및 종교적 신념, 그리고 사회 제도 아래에서 형성되었다. 이슬람은 알렉산드리아에서 발전한 연금술을 수용하여 자신들의 전통 안에 종교적 의미가 투영된 연금술을 만들어 냈다. 즉, 연금술은 금을 만들어 부를 얻고자 하는 세속적 욕심보다 '비천한 금속을 고귀하게 바꾸는 작업이 자신들의 영혼을 씻어 줄 것'이라는 종교적인 믿음 속에서 발전한 것이다.

그 과정에서 결합된 종교 사상은 이슬람의 신비주의인 수피즘(Sufism)이다. 수피즘의 '수피'는 아랍 어로 '신비주의자'를 뜻하는데, 이슬람 인들은 수피즘의 수행 과정과 연금술의 비밀스러운 과정 사이에 어떤 유사성이 있다고 생각했다.

8세기에 활동한 연금술의 대학자 자비르 이븐 하이얀(Jabir ibn Hayyan, 721?~776?)은 연금술의 실험 절차를 제시한 실천적 실험가다. 복잡한 연금술 과정을 『완전한 전서(Summa Perfectionis Magisteris)』를 비롯한 3,000권 이상의 방대한 저서에서 자세하게 논했다. 그의 이론은 실험 화학과 신비적 교리를 결합시켜 연금술 이론을 정리한 것으로 많은 연금술사들에게 지대한 영향을 미쳤다.

자비르는 아리스토텔레스의 4원소설에 황과 수은을 추가한 물질관인 황-수은 이론을 주장했다. 아리스토텔레스는 원소의 변화에서 "흙은 그 성질이 변해 불이 될 때 '연기 나는 흙'이라 불리는 물질이 되고, 물은 성질이 변해 공기가 될 때 '물기 있는 공기'라 불리는 물질이 된다."고 말했다. 이러한 생각을 수용한 자비르는 연기 나는 흙을 '황', 물기 있는 공기를 '수은'이라고 이름 붙였다. 자비르는 이상적인 가연 성분인 황과 이상적인 금속 성분인 수은을 적절한 비율, 즉 수비학(numerology)의 원리에 따라 조합하면 다른 금속을 금으로 만들 수 있다고 믿었다. 더욱이 자비르는 황이 주를 이루는 금속 중에서 가장 순수한 것이 금이고, 수은이 주를 이루는 금속 중에서 가장 순수한 것은 은이라고 생각했다.

자비르는 연금술에서 물체에 각각의 원소 함량을 수학적으로 정확히 결정하면 화학적으로 조작할 수 있다고 여겼다. 당시 자비르를 비롯하여 연금술사들은 물질의 정확한 구성비를 증명하기 위해 분별 증류를 할 수 있는 다양한 증류기[아랍 어로 알람비크(alambique)]를 만들었다. 또는 증발이나 재결정화 같은 새로운 실험 방법에 쓰기 위해 플라스크나 각종 유리 기구 등을 고안해 사용했다. 더욱이 물질을 금으로 바꿀 때 그 변화를 촉진하기 위해 신비로운 '약용 분말'을 사용했는데, 바로 '촉매'와 같은 역할을 했다.

자비르가 주장한 연금술 이론은 실험 기구나 실험 방법에 대한 기술에서 물질 분류법이나 그리스 연금술보다 더 자세하고 체계적이었던 까닭에 서구 연금술사들에게 많은 영향을 미쳤다. 그러나 황-수은 이론은 서구 연금술 문헌에 자주 등장하다가 수정과 변화를 거치는 과정에서 점차 사라졌다. 18세기에 물질이 타는 것에 대해 논하는 플로지스톤 이론이 연소 현상으로 바뀔 무렵에는 아예 그 흔적을 찾을 수 없게 되었다.

연금술은 흔히 과학과 대립되는 항, 즉 비과학적이고 신비적인 것으로 간주된다. 이러한 의견에 대해 지난 반세기 동안 많은 역사가들이 "연금술도 합리적 주제와 실용적인 가치를 지니며 축적된 지식에 근거하여 발전해 왔다."
고 주장하기도 했다. 비록 그 과정에 여러 신비적 요소가 포함되어 있고 결코
성공한 결과를 얻은 적은 없었다 할지라도, 연금술에 관련된 여러 활동을 통
해 자연이 어떻게 운행하는지, 자연에 영향을 미치는 과학적 수단은 무엇인
지 등에 대한 다양한 설명이 발전할 수 있었다는 것이다.

  실제로 근대 화학이 발달하는 데 미친 연금술의 영향을 무시할 수 없다. 많은
화학 실험 기구는 물론 약품이나 실험 방법들이 금을 만들기 위한 과정에서 고
안되었고, 더욱이 연금술에서 유래한 여러 용어들이 현재 화학 용어로 쓰이고
있다. 예를 들어 알렉산드리아의 연금술에서 사용했던 '케메이아(Khemeia)'는
오늘날 연금술(alchemy)로 불리고 있고, 그 이외에 알코올(alcohol), 알칼리
(alkali), 증류기(alembic), 소다(soda) 등은 이슬람의 연금술에서 유래되었다.

종이, 중국에서 서양으로 이동하다

화담 서경덕의 집안은 대대로 농사일을 가업으로 삼았으나 몹시 가난했다. 서경덕은 타고난 자질이 뛰어나고 남다르게 총명했으므로 스스로 공부에 힘썼고 부친의 명을 받들어 진사과에 급제까지 했다. 그러나 과거 공부를 내팽개치고 하늘의 이치를 알기 위해 도(道)에 대한 공부에 매달렸다. 오로지 사물의 이치를 알기 위해 밤낮으로 공부한 것이 몇 년. 어느 날 그는 홀연히 깨달음을 얻어 사물의 이치를 꿰뚫었다고 밝힌 후 이렇게 말했다.

"내가 스승을 얻지 못했기에 노력이 너무 많이 들었다. 후세 사람들이 내 학설에 의지하여 공부한다면 나만큼 애쓰지 않아도 될 것이다."

그는 자신이 체득한 것을 즐거워했을 뿐 이해득실이나 영욕 따위에 크게 개의치 않았다고 한다.

깨끗하고 바르게 살았던 서경덕에 얽힌 재미있는 일화가 있다. 어느 날 화담이 연못가를 산책하다가 피라미가 노는 것을 보고 손가락 크기만큼 종이를 잘라 몇 글자를 써서 물속에 던졌다고 한다. 그러자 세 치 길이의 물고기 한

쌍이 못에서 솟구쳐 나오더니 바위 위에 털썩 떨어졌다. 선생이 손으로 주워 이리저리 살펴보더니 웃으면서 "옛 사람의 말이 허튼 게 아니로구나."라고 하고는 다시 물에 놓아 주었다고 한다. 그때 서경덕은 『장자(莊子)』를 읽고 있었다고 한다.

종이의 분신, 파피루스와 대나무

종이가 발명되기 전인 기원전 3000년경 이집트에서는 나일 강변에서 자생하던 수초에 문자를 기록한 파피루스가 종이 대용으로 널리 쓰였다. 파피루스는 'Pa-en-peraa'라는 '파라오(Pharaoh)의 재료'라는 뜻을 가진 이집트어에서 유래한 말로 종이(paper)의 어원이다. 한 연구보고서에 따르면, 파피루스는 종이와 비슷하나 두께가 일정하지 않으며 시트나 두루마리 형태로 보

● 에드윈 스미스 파피루스(Edwin Smith papyrus). 기원전 1600년경. 파피루스는 종이와 비슷하나 두께가 일정하지 않으며 시트나 두루마리 형태로 보존되었다.

존되었다고 한다. 또한 파피루스는 가볍고 얇아 기록하기에 적당했으므로 지중해 연안에서 4,000년이라는 긴 세월 동안 기록용 재료로 널리 이용되었다. 그러나 이집트의 프톨레마이오스 왕조가 파피루스의 유출을 금지했기 때문에 지중해 주변에서는 파피루스가 상용화되지 못했다.

동양에서 종이 대용으로 쓰인 대표적인 소재로 대나무, 비단이 있다. 종이가 발명되기 전 중국에서는 문자를 표기하기 위해 소나 돼지의 뼈, 거북의 등껍질, 청동 그릇, 나무판자, 얇은 대나무판, 판석 그리고 비단 두루마리 등을 사용했다. 특히 기원전 2세기 말부터 3세기 사이에 가장 널리 쓰인 것은 대나무 조각에 문자를 새긴 죽간(竹簡)이었다. 죽간은 대나무를 마디별(세로 20~25센티미터)로 자른 뒤 다시 일정한 너비(2~4센티미터)로 잘라 만든 것으로 대개 세로로 한두 줄씩 기록했다. 죽간을 여러 개 합쳐 가죽 끈으로 묶은 것이 바로 책(冊)이다.

죽간은 실용적이고 모양새가 견고했으나 무게가 적잖이 나가고 부피도 만만치 않았다. 죽간의 가죽 끈이 세 번 끊어질 때까지 글을 읽으라고 했던 공자를 비롯해 많은 학자들은 수레 가득 죽간을 싣고 여행을 떠나기도 했다. 장자가 친구 혜시의 장서를 두고 한 말이 두보의 시에 "남자는 모름지기 다섯 수레의 책을 읽어야 한다(男兒須讀五車書)."라는 대목으로 나온다. 여기에서 책은 '죽간'을 의미한다. 지금의 책보다 부피가 큰 죽간으로 수레를 채운다면 다섯 수레의 책을 읽는 것도 가능하지 않을까.

사람들은 죽간을 사용하며 겪었던 불편함을 해소하기 위해 새로운 소재인 비단을 사용했다. 3세기 초반부터 중국에서 비단이 제조되었고 기원전 4세기 이후 비단 두루마리 서책들이 생겨나기 시작했다. 특히 붓이 출현하면서 섬세한 글씨를 쓸 수 있게 되고 비단 서책이 활발하게 만들어졌다. 그러나 기원전 4세기까지는 비단이 너무나 비쌌기 때문에 대부분의 사람들은 비단 두루마리 서책을 사용하지 못했다. 대신에 비단 두루마리는 경전, 제국의 연대기, 문학의 걸작, 그림으로 장식된 회화서 작성에 사용되었다.

종이, 그 위대한 발명이 이루어지다

종이가 발명되자 서양에서 쓰던 파피루스, 점토판, 중국에서 쓰던 갑골, 목간, 죽간 등에 문자를 새기는 불편함에서 벗어날 수 있었다. 기원후 105년경 후한시대에 환관 채륜(蔡倫, ?~121)은 '비단은 비싸고 목간이나 죽간은 무거워 둘 다 사람들이 마음대로 쓰기에 불편하다.'고 생각했다.

그는 식물성 섬유와 질긴 동아줄, 부패한 헝겊을 물과 섞은 후 끈끈한 반죽 상태에 있는 것을 방망이로 빻아 펄프를 만들었고 그것을 넓은 판에 펼쳐 말렸다. 이렇게 해서 얻은 마른 종이는 글씨를 쓰는 데 매우 좋았다. 후한서 『환관열전』에 따르면 원년(105년)에 채륜이 황제에게 종이를 진상했다고 쓰여 있다.

물론 그전부터 종이를 제조하는 법은 있었다. 치밀하고 빈틈이 없었던 채륜은 기존 제지술을 발전시켜 더 향상된 종이를 제조했다. 일본에서는 화지(和紙)를 만들 때 가지가 세 개로 뻗은 삼지닥나무 등을 제한적으로 사용했지만 중국에서는 여러 가지 식물 섬유를 사용했다. 그 후 마(麻), 상(桑), 등(藤) 외에 대나무 섬유를 쓴 죽지(竹紙)가 대량으로 생산되면서 일반 사람들도 이전보다 자주 종이에 글을 쓰거나 그림을 그리게 되었다. 이후 중국의 제지술은 서적 증가와 학문 발전에 기여했으며 중국 황제의 도서관에는 장서가 5만 권이나 되었다고 한다.

고대 중국에서는 제지술이 비밀로 부쳐져 외국으로 전하는 것이 금지되어 있었다. 그러나 8세기 무렵인 당나라 현종(玄宗) 때, 이슬람 압바스 왕조의 내부 싸움에 당나라가 개입한 것이 계기가 되어 서구에 제지술이 전해졌다고 한다. 당시 고구려 출신의 무장 고선지(高仙芝, ?~755)는 이슬람 군대와 투르키스탄 지방의 탈라스 강 근처에서 싸운 '탈라스 강 전투'에서 대패하고 말았다. 당시 중국은 징병제를 실시하고 있었기 때문에, 병사들 중에 제지 기술자를 포함하여 여러 직종에 종사하는 사람들이 있었다. 이슬람 인은 전쟁에서 패한 당나라 포로 중 제지 기술자를 붙잡아 중국의 제지술을 가져갔고, 그 결과 이 전쟁은 서구의 문화 발전에 지대한 영향을 미친 계기가 되었다.

이후 이슬람 인은 중앙아시아의 실크로드에 있는 사마르칸트에 가장 먼저 제지 공장을 설립했고, 그곳은 이슬람 제지의 중심지로 발전했다. 또한 시리아의 다마스쿠스에 설립된 제지 공장에서는 종이를 유럽에 수출하기도 했다. 이렇듯 중국의 종이는 서역 여러 나라로 퍼져 나갔고, 제지술도 이슬람을 거쳐 아직 문맹 상태에 있던 유럽으로 전파되었다. 이 무렵 비단 장사들이 중국 특산물인 비단을 운반하던 실크로드는 종이가 전 세계로 전파되는 통로가 되기도 했다.

15세기 중반 독일에서 구텐베르크(Johannes Gutenberg, 1397~1468)가 금속 활판 인쇄를 발명하고 그 기술이 널리 보급되면서 낡은 면 넝마를 원료로 한 종이 생산이 증가했다. 특히 18세기에 들어서 기계식 펄프 제조기과 교반기가 발명되면서 면 넝마를 이용한 종이가 대량 생산되었다. 중국의 제지술이 유럽으로 전파된 이후 대량 생산이 가능한 기계적 제지술이 개발되면서 종이의 사용이 더욱 확대되었던 것이다.

말벌이 가르쳐 준 종이의 비밀

프랑스의 물리학자이자 박물학자였던 르네 레오뮈르(Rene-Antoine Ferchault de Reaumur, 1683~1757)는 철강 생산 및 처리에 관한 연구로 프랑스의 철강 산업에 기여했다. 물리학, 수학, 화학 분야에서 두각을 나타낸 레오뮈르는 영국의 왕립협회, 프랑스, 러시아, 스웨덴의 과학아카데미, 볼로냐의 연구소 등에서 회원으로 활동했다. 그는 특히 곤충 연구에도 많은 시간을 할애했다.

가끔 숲을 산책하던 레오뮈르는 비어 있는 말벌 집의 구조를 유심히 관찰하곤 했는데, 어느 날 새로운 사실을 발견했다. 말벌의 집이 외부의 충격에 견딜 수 있을 정도로 튼튼한 종이로 만들어졌다는 것이다. 새로운 사실을 발견한 흥분도 잠깐, 레오뮈르는 고민하기 시작했다.

"말벌이 유럽 사람들처럼 넝마로 종이를 만든 것도 아닐 텐데 어떻게 종이를 만들었을까?"

레오뮈르는 숲 속을 마음대로 날아다니던 말벌이 작은 나뭇가지를 이용해 펄프를 만든다는 사실을 발견하고 오랜 연구 끝에 1719년에 논문을 발표했다.

"말벌은 주로 썩은 나무나 쓰러진 목재의 외피를 긁어서 가루를 모은 다음 타액과 잘 섞고 반죽해서 종이 펄프 덩어리를 만든다. 만약 아메리카 말벌이 종이를 만들 때 사용하는 것과 유사한 나무를 구할 수 있다면, 우리도 매우 하얀 종이를 만들 수 있을 것이다."

레오뮈르는 직접 나무로 종이를 만드는 일까지 발전시키지는 못했지만, 그 후로 나무를 이용한 종이 제조에 대한 연구가 활발히 진행되었다. 이후 해초,

이끼, 금잔화, 지푸라기, 석면, 솔방울, 감자 등 다양한 소재를 이용한 종이 제조 기술이 연구되었지만, 그 결과는 성공적이지 못했다. 1840년에 이르러 독일의 직공 F. G. 켈러는 레오뮈르의 저작을 기초로, 동력으로 나무를 부수어 대량으로 섬유를 제조하는 목재 분말 제조기를 발명하여 독일에서 종이 제조에 대한 특허를 받았다. 이 발명으로 제지공업이 근대산업으로 발전하는 새로운 장이 열렸다.

1866년에 하인리히 펠터가 켈러의 특허권을 매입한 후에는 그 특허 기술에 기초하여 목재 분말기를 만들면서 제지 방법이 실용화되는 단계에 이르렀다. 이윽고 펠터-켈러 기술을 기반으로 생산된 목재 펄프 신문인 『슈탸츠-차이퉁』이 1868년 1월 7일 뉴욕에서 최초로 발행되었다.

종이의 대량 생산이 가능해진 뒤 서양 사람들은 싼 가격에 대량으로 구할 수 있는 종이 원료에 대해 고민했다. 그런데 여유롭게 숲 속을 산책하던 한 과학자가 그 고민을 해결했던 것이다. 나무가 종이의 원료가 될 수 있다고 주장한 레오뮈르는 우연한 발견을 통해 새로운 사실을 알아냈고 그 후 수많은 발견들이 잇따랐다. 수많은 사람들이 말벌 집을 보았겠지만 오직 레오뮈르만이 종이 제조에 대한 힌트를 얻었고, 그 발견은 인류의 삶에 지대한 영향을 미치고 있다.

인쇄술, 매뉴얼을 만들다

2000년 독일 마인츠 시는 구텐베르크 탄생 600주년을 기념하는 행사의 일환으로 '구텐베르크에게 보내는 연애편지(Love Letter to Gutenberg)'라는 주제로 북아트 공모전을 개최했다. 당시 유학 중이던 한 한국 유학생이 제출한 작품이 화제가 되었는데 그의 작품은 한글로 기록되고 조선 시대 문서를 연상케 하는 두루마리 형식으로 만들어진 〈세종어찰(A Scroll with King Sejong's Letter to Johannes Gutenberg)〉이었다. 구텐베르크와 세종대왕의 550년 만의 재회를 그린 이 작품은 세종대왕이 1449년 서역 상인들을 통해 구텐베르크가 만든 금속활자 인쇄 소식을 전해 듣고 두루마리 편지를 보낸다는 가정 아래, 세종대왕이 신하를 시켜 구텐베르크에게 보내는 가상의 편지였다. 다음은 그 편지의 일부다.

경애하는 독일국 마인쯔 시 요하네스 구텐베르크씨 앞

조선 임금 세종대왕 명을 받들어 집현전 연구원 본인 글월 드립니다.

세종 임금님은 주자소라는 나라 인쇄소를 설립하시고 활자와 이에 따른 판짜기를 개량하시면서 새로운 인쇄 기술에 관심과 노력을 기울이고 계십니다. 이러한 때에 먼 서방에서 인쇄 기술에 애

◉ 〈세종어찰〉, 정신영, 구텐베르크에게 보내는 연애편지라는 주제로 독일에서 주최한 북 아트 공모전에 출품된 작품.

쓰고 계시는 귀하의 소식은 우리 전하의 심기를 기쁘게 하는 반가운 소식이 아닐 수 없었습니다. 추측컨대 우리 전하께서 새 글을 창제하실 때 귀하가 새 인쇄술의 발전에 전심전력하심은 예사로운 우연으로 보기 어려운 바입니다.

세종 임금님께서 특별히 제게 명하시어 다음의 사항도 전달케 하셨는데 그 내용인즉, 서양에서 이제 막 금속인쇄술이 발명되어 그 연구에 밤낮으로 애쓰신다는 소식을 들으시고 이미 오래 전부터 금속활자를 사용하고 있는 민족으로서 귀하의 연구에 조언과 지원은 물론이며 서로 경험들을 함께 주고받을 수 있다면 그것도 기쁜 일이라 하셨습니다. 이 땅에서는 오래전부터 슬기로운 조상님들 덕에 목판인쇄술은 말할 바 없고 금속인쇄술을 발명 개발하여 사용해 오고 있습니다.

세종 삼십일 년 기사년 음력 오월 스무아흐레

집현전 연구원 배

인쇄술의 발명

 제지술과 마찬가지로 인쇄술도 중국에서 먼저 발명되었지만 그 시기가 언제인지, 언제 서구로 전파되었는지는 정확하게 알려져 있지 않다. 중국 사람들은 15세기 이전부터 인쇄술의 혜택을 누렸다. 목판 인쇄와 석판 인쇄가 그 전부터 존재했고 중국 등지에 이미 활자로 인쇄된 책이 있었다.

 1313년 농경학자인 왕정(王楨, 1260~1330)은 유명한 저서 『농서』에 목판 활자를 만드는 방법과 함께 인쇄를 할 때 활자의 배열 방법, 회전대의 제작, 활자의 선택, 인판의 제작과 활자 고정 방법, 먹의 선택과 인쇄 방법 등에 대해 체계적으로 기록했다. 그는 목판 활자를 이용해 한 달에 100권의 책을 찍어 내기도 했다. 이처럼 중국에서 인쇄술이 발전했음에도 불구하고, 한자의 수가 너무나 많아 활판 인쇄가 용이하지 않았기 때문에 중국에서 인쇄술은 대중화되지 못했다.

 동서를 막론하고 인쇄술이 발명되기 전 서적은 특별한 사람만을 위한 것이었다. 중세 교회에서는 죄를 완전히 참회하고 다시는 죄를 범하지 않겠다고 고백할 때, 죄는 용서되지만 벌은 남게 되므로 기도나 선업(善業), 즉 하나님을 기쁘게 하려는 마음에서 '혀가 아닌 손으로' 성서와 문헌들을 그대로 필사하도록 권했다. 그러한 이유에서 15세기 초 수도사들은 하루의 대부분을 필사 작업에 참여해 한두 달 만에 책 한 권을 만들어 내곤 했다.

 지금과 비교하면 그 수가 매우 적지만, 인쇄술이 발명되기 이전에 캔터베리 대성당의 도서실에 소장되어 있던 2,000여 권의 책은 영국에서 가장 많은 장서 보유량을 자랑했다. 물론 그 장서도 필사 작업으로 만들어진 것이었고 특별한 권력을 소유한 사람만이 열람할 수 있었다. 이후 금속활자 인쇄술이

발명되면서 좀 더 많은 사람들이 책을 접할 수 있게
되었다.

독일의 구텐베르크는 인쇄업자 이외에 다른 직업
들을 전전하면서 불안정한 생활을 하다가, 1437년
무렵부터 인쇄에 관한 실험과 사업에 참여했다. 그
는 수도원에서 수도사가 필사 작업에 빠져 있는 것
을 보고 생각했다.

● 요하네스 구텐베르크.

"필경사나 목판을 쓰지 않고 책을 언제 어디서나
빨리 제작하는 방법이 어디 없을까? 그렇게만 할
수 있다면 큰 부와 높은 지위를 누릴 수 있을 텐데……."

일반인에게 이러한 생각은 그저 생각에 그쳤지만, 구텐베르크는 그 생각을
현실로 실현시키기 위해 고민했다.

원래 구텐베르크는 인쇄술에 대해 아는 바가 적었지만 다양한 경험을 하면
서 지식을 쌓아 갔다. 그 결과 그는 한 개의 인장을 만들기보다 작은 글씨로
새긴 인장을 여러 개 만들어 조합하여 한쪽을 인쇄하는 방식이 인쇄술의 실
용화에 유리하다는 것을 알았다. 물론 이미 사용한 인장들은 다시 해체한 뒤
다르게 조합하여 사용할 수 있다. 이러한 인쇄 방식은 한정된 수의 활자로 여
러 종류의 책을 인쇄할 수 있는 이점이 있었다. 게다가 짧은 시간에 같은 책
을 여러 권 인쇄할 수도 있었다.

구텐베르크 혁명, 인쇄술의 보편화를 가져오다

구텐베르크는 자신의 생각을 구체화하기 위해 경험, 전문 기술, 부속품 개발 등 여러 부분을 새롭게 연구하여 결국 모든 분야에서 질적인 향상을 이끌어 냈다. 그는 낱개 활자를 만드는 주형(鑄型) 기구를 발명했고, 주석, 납, 안티몬 등의 합금으로 된 내구성 있는 활자를 개발했으며, 새로운 인쇄용 잉크(염료)와 새로운 인쇄기(프레스 기계)를 개발했다.

구텐베르크 이전의 유럽에서는 금형을 눌러 책 제목을 찍어 내거나 목판 인쇄로 카드와 성서 그림을 찍어 냈지만, 구텐베르크는 균일한 압력을 가해 종이에 한 번에 찍어 내는 금속인쇄판 인쇄기를 고안했다. 그 결과 고르게 인쇄된 종이들을 대량으로 생산할 수 있게 되었다.

중세 말기 교회는 성당 건설과 포교에 많은 돈이 필요해지자 기금을 모으기 위해 '면죄부'를 팔았다. 면죄부는 영적으로 깨끗해지고자 하는 참회자의

욕구를 교회가 충족시켜 준다는 데 의의가 있었다. 죄인이 자선, 단식, 기도, 면죄부 구매 등의 선행을 하면, 이름과 날짜가 기록된 면죄부를 발행해 특정한 시기에 저지른 특정한 죄를 용서해 주었다. 따라서 교회는 면죄부를 필사 대신 일정한 규격에 맞게 인쇄함으로써 사람들의 신뢰를 얻고자 했다.

● 유럽의 초기 인쇄기.

이때 자본가로서 수완이 좋았던 구텐베르크는 종교개혁가들의 주장이 담긴 팸플릿과 성서를 아주 싼 값에 대량으로 인쇄해 공급했을 뿐만 아니라 천국의 입장권인 면죄부도 인쇄했다. 그 작업은 종교개혁과 무관하게 자본을 축적하는 수단이 되었다. 즉, 당시 신흥 산업이었던 인쇄술이 유럽 사회의 근대화에 기여하기도 했지만, 거꾸로 유럽의 근대화를 위해 진행된 당시의 사회적 여건들이 인쇄술의 발전에도 많은 도움을 준 셈이다.

12세기 말 도시가 부흥하고 학교의 수가 늘어나자 책의 제작과 보급이 확대되었다. 수도원에서 이루어지던 필사 작업은 양피지 제조업자, 필경사, 채식장식가(책표지에 장식이나 그림을 그려 넣는 사람), 제본공이라는 각기 독자적인 동업조합에서 조직적으로 이루어졌다. 특히 큰 대학이 있는 도시 주변에 정착된 '페시아(pecia)'라는 시스템은 대학의 요청에 따라 값싼 가격으로 서적을 필사해 서적상에 넘기는 방식을 따랐다.

금속판 인쇄술의 발명 이후 대학 주변의 서점들은 최초로 인쇄된 책자들을 판매했다. 1480년대에 이르러 110개가 넘는 유럽의 도시에 인쇄소가 있었는데, 이 인쇄소들은 상업적·학술적 활동의 구심점이 되었다. 학자들이 자주 드나드는 인쇄소는 작은 대학과 유사한 모습으로 발전했고 정보를 수집하고 전파하는 역할을 했다.

　인쇄술이 남긴 중요한 결과 중 하나는 인간의 행위뿐만 아니라 지식의 범주화가 가능해졌다는 점이다. 인쇄소에서 서랍, 대문자 상자, 소문자 상자, 그 외 수많은 상자 등이 일정한 장소에 놓이는 조직화가 이루어졌다. 또한 무한한 시장성을 발견한 인쇄업자들은 자본, 저자, 교정자, 원료 공급자, 주조공, 인쇄공 등을 거느린 중요 세력으로 부상했다.

　인쇄업자들은 자기 책의 제목이 눈에 잘 띄고 찾아보기 쉽도록 교정해 완벽성을 추구하는 등 치열한 경쟁을 했다. 아울러 인쇄업자들이 본문을 그대로 복제하고 쪽수를 매기면서 독자들은 책의 '차례'나 '찾아보기'를 통해 책의 내용을 쉽게 파악할 수 있었다. 특히 찾아보기는 단순히 편의를 위한 장치가 아니라 책의 개요이자 정수였다. 독자는 찾아보기를 통해 책을 만든 사람의 통찰력, 판단력, 창조력을 가늠하기도 했다.

　필사본 서책을 장악하고 있던 양피지보다 더 유연하고 값싼 종이가 유럽에 들어오면서 인쇄술은 '구텐베르크 혁명'이라고 불릴 만큼 비약적으로 발전했다. 빅토르 위고는 자신의 소설 『노트르담의 꼽추』에서 정보 전달에 커다란 기여를 한 인쇄술의 발명을 "역사상 가장 위대한 사건, 개혁의 어머니, 인간의 표현 수단을 철저하게 바꾼 혁신"이라고 표현하기도 했다.

나침반으로 신대륙을 발견하다

대항해 시대 전부터 금은 역사적 · 학문적 가치를 넘어 전 세계적으로 대단한 가치를 지니고 있었다. 대항해 시대의 모험가들은 '황금이 번쩍이는 나라'라는 뜻을 가진 '엘도라도'를 찾아 여행을 떠나기도 했다. 물론 포르투갈과 에스파냐(스페인) 왕실이나 귀족의 후원을 받았던 모험가들은 이슬람 세력의 방해를 받지 않고 대량의 향신료와 귀중품을 유럽으로 운반할 해로를 개척하는 데 여념이 없었다.

영화 〈1492 콜럼버스〉는 '황금과 명예, 그리고 신의 영광을 위해' 신대륙을 찾아 떠난 콜럼버스(Christopher Columbus, 1451~1506)의 이야기를 다루고 있다. 이 영화에서 콜럼버스는 에스파냐의 이사벨 여왕의 후원으로 새로운 인도 항로를 개척한 위대한 영웅보다는 고뇌하는 인간으로 그려지고 있다. 그러나 그 항해는 '황금'과 '교역'이라는 커다란 경제적 가치를 추구하고 있었다는 사실을 간과해서는 안 된다.

모험가들에게는 항로 그리기나 항해술 등에 필요한 여러 가지 과학적 지식

이 매우 중요했다. 콜럼버스는 '지구는 둥글다'는 확신을 바탕으로 대서양 서쪽으로 나아가면 인도에 도착한다는 신념과, 편차 때문에 도무지 종잡을 수 없는 나침반을 들고 여행길에 올랐다. 1492년 10월 12일, 콜럼버스는 순탄치 않은 항해 끝에 신대륙을 발견했다. 물론 오랜 시간이 흐른 뒤 그곳은 신대륙이 아니었음이 밝혀졌다.

당시 콜럼버스는 사람들에게 몽상가로 알려져 있었다. 그러한 비아냥거림을 들으면서도 그는 기회가 생기면 늘 떠나려고 했다. 항상 새로운 가치에 도전하고 싶어 했던 열정이 늘 마음속에 내재되어 있었기 때문이다. 600년이 지난 오늘날 콜럼버스는 어떤 평가를 받고 있을까?

● 신대륙 발견을 위해 머나먼 여정을 떠나는 콜럼버스의 모습을 담은 영화 〈1492 콜럼버스(1492: The Conquest Of Paradise)〉.

땅속에 묻혀 있던 자석의 재발견

아득한 옛날부터 쇠붙이를 끌어당기는 자석의 신비로운 힘은 널리 알려져 있었다. 그리스의 철학자 탈레스는 호박(琥珀)을 모피로 문지르면 가벼운 물체가 호박에 달라붙는다는 사실을 알았고, 자석(磁石)에는 혼이 있어서 금속을 끌어당기는 성질을 갖고 있다고 생각했다. 중국의 전국 시대에는 철을 이용하는 기술이 발달하면서 자석을 발견했다. 이들 모두 자석이나 호박 등에 끌어당기는 힘이 있다는 것을 알고 있었지만 이러한 오묘한 현상의 원인을 체계적으로 분석하지는 못했다.

사람들은 종교적이며 마술적인 범위를 벗어나지 못한 채 자철석(磁鐵石)이 갖고 있는 초자연적 힘을 믿었다. 자연물 중 자철석은 종교적 제의에 바치는 마술의 소도구로 사용되었고, 때로는 의약품이나 부적처럼 초자연적 능력을 갖춘 것으로 알려져 왔다.

예를 들어 사람들은 자철석 부스러기만 있어도 온갖 병을 고칠 수 있다거나, 자철석 한 조각을 부정한 아내의 베개 밑에 두면 아내가 자기의 죄를 실토한다고 여겼다.

자철석이라는 이름은 이제는 사어(死語)가 된 '길'이라는 뜻을 가진 고대 영어 'lodestone(길을 가르쳐 주는 돌이라는 뜻)'에서 유래했다. 중국에는 이러한 자철석이 나침반의 초기 형태인 '사남(司南)'이라는 기구에 사용되었다. 사남의 모양은 24방향이 조각된 평평하고 매끄러운 접시 위에 국자가 놓인 형상인데, 국자의 자루는 항상 남쪽 방향을 가리켰다는 기록이 있다. 전국 시대부터 수와 당나라까지 거의 1,000년에 걸쳐서 사람들은 사남을 이용하여 방향을 측정했으나 이러한 국자 모양을 한 사남은 문헌에 존재할 뿐 그 원형은 아직 발견되지 않았다.

송나라 초기에 중국은 이미 인공 자석을 만들어 나침반을 제작했다. 중국인은 가벼운 나무로 물고기 모양을 만들고 그 배 속에 자침을 넣어 물에 띄운 '지남어'를 만들었다. 물고기 꼬리가 아래로 기울어지는 미세한 차이를 통해 사람들은 지구자장 경사각이 자성의 각도를 증대시킨다는 것을 알았다. 또한 송나라 때 심괄은 자석을 마찰하여 자성을 지닌 철침을 만드는 방법을 발명했다. 그는 기술적

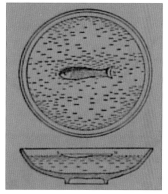

◉ 지남어(指南魚). 가벼운 나무로 물고기 모양을 만들고 그 배 속에 자침을 넣어 물에 띄운 것.

연구를 통해 물 위에 뜨는 지남침, 즉 수침을 발견하기도 했다.

중국에서 지남침을 설치하는 기술은 해상 항해에 더욱 광범위하게 응용되어 발전했고 그 영역은 서구까지 확대되었다. "방위를 식별할 때 야간에는 별에 의지하고 낮에는 태양에 의지하며 우천시에는 지남침에 의지할 수밖에 없다."는 기록이 있을 정도로, 북송에서 지남침은 항해에 필수적인 기구였다. 이러한 지남침이 십자군 전쟁 기간 동안 시리아와 이집트로 항해하던 선원들에 의해 이슬람을 거쳐 지중해 전역으로 퍼져 나갔다. 이후 14세기 초 무렵에 이탈리아에서 자침과 방위표를 하나로 만든 나침반이 제작되기 시작했다.

1390년경 조반니 다 부티(Giovanni da Buti)는 나침반에 대해 이렇게 말했다.

"항해하는 사람들은 상자(bussolo)를 가지고 다니는데, 그 속에 중심을 축으로 도는 얇은 종이로 만든 작은 원판이 들어 있다. 이 원판 위에 많은 점들이 표시되어 있고, 그중 별이 그려진 한 점에 바늘 끝이 맞추어져 있다. 항해자가 자석을 대어 바늘이 흔들리면 북쪽이 어딘지 알 수 있다."

나침반, 대항해 시대를 열다

대항해 시대의 중심에 있던 콜럼버스는 1492년 8월 황금의 나라 인도를 향해 항해하던 중 나침반의 자침이 이상하게 움직이는 것을 발견했다. 그는 카나리아 제도를 떠나 서쪽으로 향하고 있었는데, 약 일주일이 지난 뒤에 다시 보니 나침반의 자침이 예상하지 않은 방향을 가리키고 있었다. 그 후 3일 동안 자침은 정상적인 방향에서 계속 더욱 빗나갔다. 이쯤 되자 콜럼버스는 매우 당황했고 오로지 나침반에 의지해야 했던 선원들도 동요하기 시작했다.

콜럼버스의 아들 페르디난도는 1530년대에 항해일지를 기초해 썼을 것으로 추측되는 『콜럼버스 제독전』에서 당시 상황을 이렇게 묘사했다.

● 대항해 시대의 중심에 있었던 콜럼버스.

"1492년 9월 13일 저녁 때 북서를 가리키고 있던 자침이, 아침에 약간 북동을 가리키고 있었다. 그(콜럼버스)는 자침이 북극성을 향하지 않고 조금 다른 방향을 가리키는 것을 알았다. 그때까지 이런 변화가 관측된 적은 없었으므로 그는 매우 놀라워했다."

독일의 물리학자이자 과학사가인 요한 포겐도르프(Johann Christoff Poggen-dorff, 1796~1877)는 이 사건과 관련하여 『물리학사』에서 "유럽에서 최초로 편각을 발견하고 지구 표면의 지점에 따라 편각이 각각 다르다는 사실을 관측한 인물은 콜럼버스다."라고 말했다. 즉, 콜럼버스가 편각을 발견했고 편각[자침이 가리키는 방향과 그 점을 지나는 지리학적 자오선과의 사이에 이루어지는 각. 자침이 가리키는 북쪽과 진북(眞北)이 일치하지 않기 때문에 생긴다.]의 크기가 지구상의 위치에 따라 다르다는 것을 밝혔다는 주장이다.

그러나 콜럼버스에 관해 오랫동안 연구한 밀러(A. C. Miller)는 "콜럼버스는 당시 알고 있었던 자기력에 관해 보통 조타수 이상으로 알고 있지 못했다."고 말했고 미첼(A. C. Mitchell)은 콜럼버스의 두 번째 항해 기록을 근거로 실증적이고 자세한 조사를 통해 "콜럼버스가 최초로 편각을 발견한 사람은 아니다."라고 주장했다. 의견은 분분하지만 콜럼버스가 편각의 존재와 그것이 위치에 따라 변한다는 사실을 인식하고 있었고, 콜럼버스의 항해 기록이 편각에 대해 정량적으로 기록한 최초의 문헌이라는 평가가 지배적이다.

영국의 물리학자 길버트(William Gilbert, 1544~1603)는 1600년에 자석에 대해 학문적으로 연구한 책 『자석에 대하여』를 출간했다. 그는 이 책에서 자기 및 지구 자기의 현상을 조직적이고 경험적인 실험에 기초하여 지구 자체가 하나의 자석이고 자침이 남북으로 향하는 이유를 밝혔다. 또한 항해사이자 나침반 제작자들의 지식에 기초하여 자침의 편각 · 복각(지구 자기의 전자력의 방향이 수평면과 이루는 각. 곧 지구상의 임의의 지점에 놓인 자침의 방향이 수평면과 이루는 각을 말한다. 자기 적도에서는 0도, 자기극에서는 90도.)에 대한 내용도 다루었다.

그는 역사상 최초로 자석에 대한 이론을 확립하는 데 힘썼고 그의 책은 근대 과학이 낳은 중요 서적이라는 평가를 받고 있다. 그러나 자석의 본질에 대해 구체적으로 논하지 않았다는 한계가 있었다.

영국 고전경험론의 창시자인 프랜시스 베이컨(Francis Bacon, 1561~1626)은 1620년에 출판한 『신기관』에서 힘차게 바람에 휘날리는 돛을 단 대범선이 세계의 끝을 향해 질주하며 신세계의 항로를 개척하는 의미심장한 한 폭의 그

림을 담았다. 그리고 그는 인쇄술, 화약과 함께 항해용 나침반에 대해 "발명된 것의 위력과 효과를 생각해 보는 것은 유용한 일이다. 나침반은 항해에서 전 세계적으로 사물의 양상과 상태를 완전히 바꾸어 놓았고 거기에서 무수한 변화가 일어났다."고 기술했다. 이는 자석의 원리를 이용한 중국의 지남

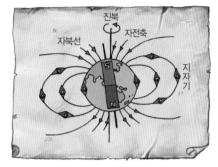

◉ 자기력선의 모습.

침이 유럽에 전해져 항해에 이용되면서 유럽의 문화에 중요한 영향을 끼쳤다는 점을 말해 준다.

인류, 드디어 하늘을 날다

영화 〈다빈치 코드〉에서 하버드 대학의 교수이자 기호학자인 랭던과 루브르 박물관의 수석 큐레이터였던 자크 소니에르의 손녀 소피는 자신의 의지와 무관하게 거대한 음모에 휘말린다. 살해당한 소니에르의 시체 주변에는 이해할 수 없는 암호가 적혀 있었다.

13-3-2-21-1-1-8-5

오, 드라코 같은 악마여!(o, draconian devil!)

오, 불구의 성인이여!(oh, lame saint!)

숫자의 순서를 재배열하면 '1-1-2-3-5-8-13-21'이 된다. 이것은 바로 '첫 번째 항의 값이 0이고, 두 번째 항의 값이 1일 때, 이후의 항들은 이전의 두 항을 더한 값과 같다.'는 피보나치수열이었다. 그럼 아무 의미 없이 숫자들을 늘어놓은 것 같은 피보나치수열은 왜 제시되었을까? 그것은 순서에 상관없이 아무렇게나 적어 놓은 글자들을 늘어놓은 '애너그램(anagram, 철자 바꾸기: 신비주의 사상으로 알려져 있는 카발라는 애너그램을 중요하게 다루었다.)'이라는 또 하나의 답을 알려 주기 위해서다. 나머지 두 문장을 구성하는 철자들의 순서를 바꾸면 'leonardo da vinci,' 'the mona lisa' 라는 답이 나오는 것이다.

13세기에 피보나치수열을 창조한 천재 화가 레오나르도 다 빈치(Leonardo da Vinci, 1452~ 1519)는 〈모나리자〉 〈암굴의 성모〉 〈최후의 만찬〉 등 자신의 작품 속에 메시지와 상징을 숨겨

● 영화 〈다빈치 코드(The Da Vinci Code)〉.

놓는 것을 좋아했다. 그가 직접 그린 2,000여 점의 원본 스케치와 글 모음집인 『코덱스 아틀란티쿠스』(1478년부터 1519년까지 거의 40년의 기록이 있음)에도 엄청난 비밀이 숨겨져 있을지 모를 일이다.

레오나르도 다 빈치의 데생

르네상스 시대에 과학자는 어떤 존재였을까? 과학자이자 예술가, 건축가이자 기술자로 "모든 분야에서 만능인 사람들' 이라는 말이 더 적당할 것이다. 르네상스의 전인(全人)으로 알려져 있는 레오나르도 역시 그러한 사람들의 전형이었다.

레오나르도[그의 이름 중 '빈치' 가 성(姓)이고 '레오나르도' 가 이름이다]가 받은 정식

● 르네상스 시대의 예술가이자 과학자 레오나르
도 다 빈치.

교육에 대해 알려진 것은 없지만 정규대학 교육보다 실제적인 도제 교육을 받은 것으로 알려져 있다. 그는 당시 유명한 화가이자 조각가였던 안드레아 베로키오(Andrea del Verrocchio)의 공방에서 약 10년 동안 조각뿐만 아니라 회화, 건축, 도형 연구, 광학과 원근법, 기하학, 자연과학, 음악 등 과학과 예술 전반에 대해 폭넓게 배웠다. 레오나르도는 그곳에서 자유롭게 생각하고 개성을 유지하면서 자신만의 양식을 발전시켜 나갔다.

그는 이러한 배움 아래 타의 추종을 불허할 정도로 복잡한 기계의 구조나 인체의 모습을 하나의 그림 즉, 데생으로 표현하여 '코덱스(현대적인 책의 형태를 띤 최초의 필사본)'를 남겼다. 심오한 생각이나 희귀하고 특이한 것을 데생이나 글로 기록한 그의 코덱스와 공책 중에서, 특히 가장 크고 특별한『코덱스 아틀란티쿠스』에 기계와 수학, 천문학, 자연지리학, 식물학, 화학, 해부학 등에 관련된 다양한 내용들이 담겨 있다. 물론 비행기를 건조하려던 시도와 관계된 '새의 비행에 관한 코덱스'도 있다. 이 코덱스에 '1505년'이라는 숫자가 정확하게 기록되어 있고, 비행기 설계와 관련된 일련의 기록들이 있다.

레오나르도 다 빈치가 과학기술자로서 면모를 보인 1470년대 코덱스를 보면 공기의 방향과 흐름에 관한 연구, 아르키메데스의 나선식 펌프에 대한 관심에서 수압 장치를 고안한 것, 그리고 힘, 무게, 운동, 충돌에 대한 일반적 이론을 근거로 도르래, 기중기, 크랭크 등을 데생한 것을 볼 수 있다. 미술사학자 바사리(G. Vasari)는 그의 저서에서 레오나르도의 기중기에 대한 관심을 이렇게 설명했다.

"그는 지레와 도르래, 크랭크 등을 이용해서 거대한 무게를 들고 끄는 방법을 시연했다."

초기에 레오나르도의 데생은 간단한 스케치 수준이었다. 하지만 곧이어 매우 세밀하면서 완전한 모양을 갖춘 기계 조작 과정과 구조를 분석적으로 설명하여 그것을 자연스럽게 기계공학으로 발전시키는 듯한 데생을 그렸다. 필리포 브루넬레스키(Filippo Brunelleschi, 1377~1446)처럼 당시 유명했던 공학자들과 달리, 레오나르도는 실제로 적용 가능한 개별적 문제를 해결하는 데 관심을 두기보다는 모든 기술적인 문제를 해결할 수 있는 보편적인 과학 원리를 찾는 데 역점을 두었다.

사람이 하늘을 날 수 있을까

레오나르도가 가장 관심을 보인 것은 '하늘을 나는 일'이었다. 그는 어린 시절부터 날아다니는 새에 대해 관심이 많아 '인간도 하늘을 날 수 있다'는 생각에 빠져 지냈다. 그의 데생 중 가장 돋보이는 작품 역시 '하늘을 나는 기계'다. 특히 1478년부터 1480년대에 그린 데생을 보면, 거의 낙서에 가깝지만 하늘을 나는 기계를 꼼꼼하게 묘사했다. 위에서 내려다보거나 바로 아래에서 올려다보는 형태로, 날개는 박쥐처럼 그물 모양이고, 꼬리는 새처럼 부채꼴이다. 기계 모양은 손잡이를 움직이는 행글라이더에 가까웠다.

또한 1487년에서 1490년 사이의 노트에는 새의 비상 원리를 이용해 만든 두 가지 형태의 날개 치기 비행기(ornithopter)가 있다. 하나는 조종사가 기구를 등에 부착하고 엎드려 페달과 손잡이를 사용해 날개를 위아래로 움직이고 줄과

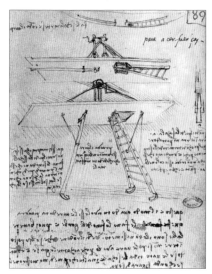
◉ 어린 시절부터 날아다니는 것에 관심이 많았던 레오나르도는 '하늘을 나는 기계'를 스케치했다.

지레를 사용해 방향키를 조종하는 것이고, 다른 하나는 모양이 더 복잡한 것으로 조종사가 조종석 안에 똑바로 선 채 잠자리 모양의 거대한 날개 두 쌍을 작동하는 것이었다.

1505년 무렵 레오나르도는 솔개와 비둘기 등의 비행 습성에 대해 두루 관찰한 끝에 박쥐가 가장 이상적인 비행체라고 여기고, 바람과 새의 동작 사이의 관계를 종합적으로 관찰한 자료에 근거하여 데생을 남겼다. 그는 "새가 하늘로 날아오를 수 있는 것은 회오리 형태의 원운동 때문이다. 이 원운동으로 새는 바람을 맞으며 반사운동을 할 수 있다."라고 했다.

그 무렵에 쓴 「새의 비상에 대해서」라는 글에 레오나르도는 "커다란 새가 거대한 체체로(Great Cecero)의 등 위로 첫 비상할 것이다. 온 우주를 경이로 채우며, 온 역사를 명성으로 충만하게 하며, 자신이 태어난 둥지에 영원한 영광을 돌리며."라고 적고 있다. 이 말은 레오나르도가 피렌체 근처에서 시험 비행을 하지 않았을까 하는 의문과 함께, 레오나르도가 인간도 하늘을 날 수 있다는 가능성에 온통 정신이 쏠려 있었음을 말해 준다.

이런 기계가 실제로 제작되었는지 혹은 몽상에 그쳤는지는 정확히 알 수 없다. 물론 레오나르도가 고안한 비행 기계들이 실제로 제작되지 않았을 가능성이 더 높다. 당시에 비행 기계를 움직일 만한 동력이 없기도 했지만, 비행기가 뜨는 핵심적인 원리인 양력에 대해 충분한 연구가 이루어지지 않았기 때문이다. 공기의 양력으로 비행기가 뜬다는 사실은 그로부터 400년이 지나

서야 알려졌다. 그러나 레오나르도가 살아 있을 때 비행기를 제작하지 않았다는 점은 그리 중요하지 않다. 오히려 레오나르도가 어떻게 비행에 대해 생각했느냐가 더 중요한 문제다.

　레오나르도의 비행 연구는 잠시 휴지기를 거치기도 했지만, 그는 그 과정에서 점점 더 심도 있는 과학적 기준과 비교 접근법을 바탕으로 비행에 대해 연구했다. 즉, 레오나르도는 새나 인체의 해부도를 비교하거나 바람의 작용을 물에 비교한 후 이를 통해 사람이 날 수 있는 방법들을 모색하는 과학자적인 태도를 보였던 것이다. 또한 그러한 노력은 타의 추종을 불허할 정도로 복잡한 기계의 구조나 인체의 모습 등을 그린 데생으로 남았다. 그의 데생 중에는 미완성인 것도 많지만, 그것들조차 정밀하게 그려져 현대적인 의미에서 뛰어난 '과학 도판의 효시'라고 불려도 손색이 없을 정도다.

신비주의와 과학의 경계에 서다

1791년 9월 30일, 빈 교외에 있는 한 극장에서 오페라 〈마술피리〉가 공연 되었다. 꽝! 꽝! 꽝! 세 번의 장중한 화음으로 시작하는 〈마술피리〉는 천재 음 악가 모차르트(Wolfgang Amadeus Mozart, 1756~1791)가 작곡한 동화적인 오 페라다.

〈마술피리〉는 본래 독일 최고의 서사 시인 빌란트(Christoph Martin Wieland, 1733~1813)의 동화집을 번안한 것으로, 자라스트로와 밤의 여왕의 대결을 벌 이는 갈등을 그리고 있다. 이는 빛과 어둠, 또는 선과 악의 대비를 상징적으 로 나타내고 있고, 온갖 고초 끝에 자라스트로가 밤의 여왕을 물리쳐 선이 승 리하는 것으로 끝난다.

모차르트가 이 곡을 작곡할 무렵 이상적인 사회 건설을 목표로 결성된 '프 리메이슨'이라는 비밀결사가 전 유럽에서 활동하고 있었다. 이 결사대에 가 담한 모차르트는 프리메이슨의 교의인 인내, 이성, 자연을 〈마술피리〉 전체 에 '3'이라는 숫자로 표현했다.

예를 들어 세 개의 화음으로 시작해 8분 음표
가 여섯 번 되풀이되는 것, 밤의 여왕을 돌보는 세
시녀, 사원을 지키는 세 소년, 사원으로 들어가는
세 개의 문, 세 도막 난 뱀, 피라미드 등이 세 번
등장하는 모습들이다. 오페라에 등장하는 마술피
리는 놀라운 힘을 발휘한다.

"이 마술피리야말로 당신을 지켜 줄 것입니다.
불행이 닥쳐올 때 위력을 발휘하여 사람의 마음
조차 변하게 합니다. 슬픈 사람도 즐거워지고, 고
통에 빠진 인간도 사랑을 속삭이죠."

◉ 꽝! 꽝! 꽝! 장중한 세 번의 화음으로 시작하는
오페라 〈마술피리〉.

모차르트, 베토벤, 셰익스피어 등 예술계의 천
재로 알려진 이들이 왜 신비주의 사상에 매혹되었을까? 예술가이자 과학자
로 알려진 레오나르도도 신비주의를 표현하는 데 여념이 없었다. 레오나르도
가 그리고자 했던 그림 속 의미들은 무엇이었을까?

건축과 인체는 어떠한 관계가 있을까

다른 누구보다 인체를 잘 그리고 싶어 했던 레오나르도는 인체의 외형과
내부의 모습에 관심이 많았다. 물론 그 연구가 건축과 인체 사이의 상관관계
에 대한 관심에서 비롯되었다는 것은 간과할 수 없다.

'건축가의 시대'라고 불리던 시절에 살았던 레오나르도는 1487년 무렵 인
체의 자연적 비례와 건축의 비례 관계를 연결해 생각했던 로마 시대의 건축가

비트루비우스의 영향 아래 밀라노 대성당의 둥근 지붕을 설계했다. 비례를 중시했던 비트루비우스는 『건축학』에서 비례에 대해 다음과 같이 기술했다.

"신전(神殿)을 구성하는 데에는 서로 다른 구성 부분들이 전체에 대해 좌우 대칭 관계가 조화를 이루어야 한다. 성당의 서까래는 인체의 흉곽에, 성당의 후진은 인체의 머리에, 십자형 건물의 좌우 날개 부분은 인체의 두 팔에 해당된다."

레오나르도는 비트루비우스처럼 건축물의 서까래와 인체의 흉상 등을 연관지어 밀라노 대성당을 그리곤 했다.

레오나르도는 1490년경 건축을 연구하기 위한 기초 자료로 〈비트루비우스의 인체 비례(Vitruvian Man)〉를 그렸다. 그의 천재성을 말해 주는 이 그림은 커다란 종이에 펜과 잉크로 대우주 안에 자연과 인간을 모습을 그린 것으로, 비트루비우스가 주장한 비례설에 따라 한 자세에서 다른 자세로 움직이는 인간의 모습을 담고 있다. 비트루비우스는 『건축학』 제3권의 서론에서 인체 치수가 다음과 같이 창조주에 의해 배치된다고 말했다.

"네 손가락은 하나의 손바닥을 이루고, 네 개의 손바닥은 하나의 발을 이루며, 여섯 개의 손바닥은 1큐빗이 된다. 4큐빗은 한 사람의 키가 된다. 그리고 4큐빗은 한 보폭을 만들고 24개의 손바닥은 한 사람을 이룬다. 그리고 이것들이 그의 건물에서 그가 사용한 측정치다."

레오나르도는 이러한 비트루비우스의 말을 자주 인용한 후, 인체의 비율을 정하고 다른 부위 사이에 수학적 비율을 표현한 〈비트루비우스의 인체 비례〉가 갖는 의미를 설명했다.

● 비트루비우스의 인체 비례.

일찍이 르네상스 시대에 공방에서 공부하던 견습생들은 조각이나 회화뿐만 아니라 건축도 공부했다. 그 과정에서 지으려는 건축물의 모형을 나무로 만드는 일은 중요한 작업이었다. 기하학 지식뿐만 아니라 인체의 비례와 원근법에 대한 지식이 반드시 필요했던 것이다. 그 무렵 기하학과 수학의 원리에 기초한 아르키메데스의 책들이 필독서처럼 널리 읽혔는데, 그 시대 최신의 사고와 문화를 수용한 레오나르도도 아르키메데스의 책을 읽고 그 천재성에 감탄했다. 무엇보다도 레오나르도는 아르키메데스의 기하학적 지식을 부러워했고, 아르키메데스의 기하학적 이론을 이용하여 현실 세계, 특히 건축을 기하학적으로 연구하고자 했다.

예술과 과학에서 인체를 보다

건축에 관심이 많던 시기에 이루어진 해부학자로서 레오나르도의 작업은 그 어느 작업보다 훨씬 의미가 있었다. 사체 해부가 금기시되던 시기에 그는 유명한 해부학자들을 찾아다니면서 해부하는 방법을 배웠고, 그 과정을 수천 장의 데생으로 남겼다. 목과 어깨의 신경을 보여 주는 해부학 데생 아래에 "훌륭한 문법 학자에게 단어의 라틴 어 기원이 필요하듯이, 훌륭한 데생가에게 이런 실연이 필요하다."고 쓴 것처럼, 레오나르도는 인체를 정확하게 묘사하기 위해 해부학적 지식이 필요하다는 것을 누구보다 잘 알고 있었다. 이는 레오나르도가 해부학 연구에서 '과학자로서의 면모' 보다 '예술가로서의 면모' 를 더 많이 드러냈다는 점을 말해 준다.

레오나르도는 피렌체의 베로키오 공방에서 처음으로 해부학을 접했다. 이후 밀라노에서 1487년에서 1493년 사이에 본격적으로 인체를 대상으로 해부 연구를 시도한 것으로 알려져 있다. 미술사가 바사리는 레오나르도가 해부학 등에 지나치게 많은 시간을 쏟은 것에 대해 "작품 활동과 거리가 먼 일에 많은 시간을 쏟아 궁극적으로 예술가적 재능을 발휘할 시간을 뺏는 결과를 낳았다."라고 비판하기도 했지만, 그의 인체에 대한 관심을 막을 수는 없었다.

레오나르도는 1489년 해부학에 관한 최초의 기록인 「인체에 대해서」라는 글에서 해부학에 대한 열정을 유감없이 피력했다. 그 글에 따르면 이 무렵 레오나르도는 주로 두개골을 연구했는데, 그에 관한 데생은 놀라울 정도로 정확했다. 그중 두개골의 옆모습, 단면도, 비스듬한 각도로 위에서 내려다본 모습 등 8개의 스케치가 있는데, 이 스케치들은 섬세할 뿐만 아니라 음영이 드리워져 있어서 으스스할 정도다.

레오나르도는 실제적이고 경험적이며 실용적 조사에 기초한 두개골 연구를 통해 '모든 감각이 만나는 점, 즉 영혼의 본령이라 여겨지는 것'을 찾기 위

해 노력했다. 그는 인체의 각 기관과 기능을 연구하거나 해석하는 일보다 생명의 뿌리를 밝히고 자연의 원초적인 에너지와 기본적인 작용을 밝히는 데 관심이 많았던 것이다.

레오나르도는 1508년 겨울부터 사체를 체계적으로 해부하기 시작했다. 당시 그린 각종 해부도에 따르면, 레오나르도는 오랫동안 관찰하고 경험한 것을 바탕으로 인체와 동물을 해부학적으로 비교했고 확대경으로 들여다본 것처럼 자세하게 그렸다. 그는 과거 어느 누구보다 더욱 면밀하고 구체적으로 인체를 그려 골격과 뼈, 근육과 신경, 심장과 혈관, 호흡기 계통과 소화기 계통, 생식기관과 임신 상태 등에 대한 해부도를 남겼다.

특히 사람들은 임신 중인 여성의 난소와 자궁에 대한 그의 연구에 가장 많은 찬사를 보냈다. 또한 레오나르도는 죽은 산모를 해부하여 7개월가량 성장한 태아를 직접 본 후, 탯줄과 연결된 채 자궁 안에 웅크리고 있는 태아를 여러 각도에서 묘사하거나, 여성의 자궁에서 태아가 새로운 생명으로 탄생할 때까지 발육하고 성장하는 과정을 상당히 정확하게 묘사한 그림들을 남겼다.

예술가로서 레오나르도는 저서 『회화론』에서 화가는 직접 해부를 해서라도 해부학을 공부할 필요가 있다고 역설했다. 그래야만 화가가 인간의 모습을 정확하게 표현할 수 있다고 보았던 것이다. 이후 과학자로서 레오나르도는 사람들에게 인체를 정확하게 묘사하기 위해 전체적인 시각에서 조망한 투시도, 단면부터 전체를 감싸고 있는 형태를 정확한 묘사한 것 등 다각적인 묘사 기술을 개발했다. 때로는 여러 각도에서 관찰하는 방법을 사용해 연속된 형상을 만들어 마치 영화의 한 장면을 보는 것 같은 효과를 일으키기도 했다. 인체를 정확하게 묘사하고자 했던 예술가이자 과학자로서 레오나르도가 그린 해부도는 근대 해부학에 많은 영향을 미쳤다.

연금술, 의학으로 발전하다

　　세기의 전환을 맞은 1900년대 말 런던은 최상류층 출신 마술사가 나타날
정도로 마술이 널리 퍼져 있었다. 영화 〈프레스티지(The Prestige)〉는 19세기
말 런던을 배경으로 두 마술사의 치열한 경쟁과 그들이 추구했던 가치관의
차이를 그리고 있다. '프레스티지' 하면 '명성, 신망, 위신'을 뜻하기도 하지
만, 이외에 '환상, 착각, 마술의 트릭, 순간 이동에 사용되는 이동 수단, 신의
경지에 도달한 마술의 최고 단계'라는 의미도 있다. 영화 속 마술사들은 제목
처럼 그야말로 마술에서 최고 단계를 추구하고 있었다.

　　상류층 집안에서 자란 쇼맨십이 강한 마술사와, 고아로 자란 탓에 성격이
거칠고 사람들과 잘 어울리지 못하지만 남다른 아이디어를 가진 천재 마술
사. 두 사람은 서로 아끼는 친구이자 최고의 마술사가 되기 위해 노력하는 선
의의 경쟁자로 지냈다. 그러나 자신들이 최고라고 자부했던 수중 마술이 실
패로 돌아가면서 두 사람은 철천지원수로 돌변하고 만다. 이후 이들은 마술
의 최고 단계인 순간 이동 마술을 선보이기 위해 끝없는 경쟁을 벌인다.

〈프레스티지〉는 두 사람이 겪는
인간 내면의 모습, 그리고 과학과
마술이라는 두 가지 측면을 다각적
으로 그리고 있다. 마술과 과학이
갖는 속성을 입체적으로 조망하며
단순히 마술사 이야기를 넘어서 두
속성 사이의 대립이라는 복합적인
요소가 더해진 흥미진진한 영화다.
마술은 1900년대뿐만 아니라 르네

● 영화 〈프레스티지〉. 프레스티지는 '명성, 신망, 위신' 이라는 뜻뿐만
아니라 '환상, 마술의 트릭, 신의 경지에 도달한 마술의 최고 단계'
라는 의미도 있다.

상스기에 살았던 이들의 모습에도 여실히 나타난다.

과학과 마술의 경계인, 파라셀수스

르네상스 시기에 피렌체를 중심으로 신비주의적 색채가 강한 신플라톤주
의(Neo-Platonism)와 헤르메스주의(Hermeticism)가 널리 퍼지고 있던 사이에,
인쇄술의 발달과 함께 실제 광산 직공들이 저술한 책들이 유통되었다. 채광
과 야금에 대한 실용적이고 간단한 핸드북의 출판은 화학적 연구 방법과 기
구, 혹은 제조법에 대한 사람들의 흥미를 유발했다. 이렇듯 신비주의 사상과
과학기술의 혼재는 두 가지 모습을 두루 갖춘 과학적 활동으로 나타났다.

유럽 전역을 돌아다니며 연금술사이자 의학자로 활동한 필리푸스 파라셀
수스(Philippus Aureolus Paracelsus, 1493~1541)는 흔히 마술과 과학의 경계에
있는 인물로 평가 받는다. 그는 촌락 의사이자 광산학교 선생이었던 아버지

● 연금술사이자 의학자로 활동한 파라셀수스.

의 영향으로 소년 시절부터 의술뿐만 아니라 연금술에 묶여 있던 화학과 야금학(冶金學)에 조예가 깊었다. 파라셀수스는 자신을 로마의 명의(名醫)인 켈수스보다 위대하다고 생각하여 켈수스를 능가한다는 뜻에서 '파라셀수스'라고 말할 정도였다.

파라셀수스는 자신의 새로운 의학을 체계적으로 설명하기 위해 네 가지 기둥을 제시했다. 네 개의 기둥이란 (자연)철학, 천문학(점성술), 연금술, 덕(德)을 가리켰는데, 그중 첫째 기둥은 지상의 자연을 하나의 전체로 배우기 위한 (자연)철학이 있다. 그리고 둘째 기둥에는 마술 사상과 헤르메스주의에 크게 영향을 받은 점성술과 천문학이 있다. 파라셀수스는 "인간은 하나의 소우주로서 대우주에 조응하고 있다."고 보았기 때문에, 태양이나 달 및 행성들이 인체의 각 부위에 영향을 미친다고 보았다.

세 번째 기둥에는 하찮은 금속에서 귀금속을 얻는다는 통상적인 연금술과 다른 '연금술'이 있다. 그는 연금술을 자연의 원료를 인간에게 유용한 완성물로 만드는 과정으로 보아 '모든 물질은 생명이 있으므로 스스로 생장하고, 인간은 그러한 자연의 과정을 촉진시켜 자기의 목적에 맞게 만들 수 있다.'라고 생각했다. 오늘날로 말하면 의사로서 직업윤리와 책임을 배우는 철학이 네 번째 기둥인 것이다.

연금술과 의학의 사이, 의화학

파라셀수스는 의학과 연금술의 결합을 시도한 '의화학(醫化學)'을 창시해 새로운 과학으로 발전시켰다고 알려져 있다. 특히 그는 중세 이래 서구 의학계를 지배하던 갈레노스(갈렌)의 생리학 및 의학 이론을 비판하는 데 주도적인 역할을 했다. 당시에는 "건강은 네 가지 요소에 의해 결정된다."는 갈레노스의 질병관에 따라 치료가 이루어졌다. 그러나 갈레노스의 의학 사상을 추종하는 갈렌주의자들의 치료법은 전쟁, 인구 집중, 자유로워진 여행 때문에 당시 유럽에 널리 퍼진 각종 질환에 효과를 미치지 못했다. 이때 질병의 원인을 외부의 영향에서 찾던 파라셀수스는 이러한 결론을 얻었다.

"인체는 본래 하나의 화학계로서 연금술의 두 원소인 수은 및 유황, 그리고 제3원소인 소금으로 구성되어 있다. 그리고 이 세 원소 사이에 균형이 깨질

때 병이 발생한다."

이후 그는 질병은 몸의 외부에서 병원(病原)이 침입하여 일어나는 현상이라고 보고, "각 질병은 자신의 종자나 원인을 가지고 있으며 각각 특이한 치료법과 치료약이 있다."고 주장했다. 즉, 그는 금속과 마찬가지로 질병도 종자에서 자란다고 여겨 페스트, 매독, 천연두 등 질병의 요인을 인간의 신체적 조건뿐만 아니라 병원의 침입에서 찾았다.

파라셀수스는 의화학을 실증적이면서 임상을 중시하는 학문이라고 여겼던 까닭에, 질병을 치료하기 위해 경험적 연구에 기초한 광물성 의약의 제조와 그 과정을 중시했다. 당시 대학 중심의 지식인들은 민간에서 수집한 경험적 지식을 비천한 것으로 보고 그 가치를 인정하지 않았다. 그러나 파라셀수스는 거의 평생 유럽 전역과 소아시아 등지를 떠돌아다니며 민간의술, 즉 사회적으로 지위가 낮았던 사람들인 외과의, 산파, 주술사 등과 활발하게 교류하며 이들에게서 많은 지식과 치료법을 수집하고 배워 광물성 의약을 제조했다. 파라셀수스의 저서들 중에 의약 제조를 설명하는 글들이 주종을 이루고 있는 것은 광물성 의약을 제조하는 과정에서 화학적 기법을 중요하게 여겼던 파라셀수스의 시각을 단적으로 말해 준다.

파라셀수스는 당시 연금술사들이 모든 질병을 치료한다고 주장했던 만병통치약을 멀리하고, 각 질병에 따라 효력 있는 약제와 해로운 약제를 선별하여 사용하도록 제안했다. 예를 들어 원소 사이의 불균형은 광물성 약재를 복용하여 해결할 수 있다고 보고 중금속 염이 들어간 치료약을 처방했다. 그는 신비스러운 물질을 만들기보다 치료를 목적으로 무독성 약품을 제조하여 처방했다. 처방한 약품 중에 안티몬은 위장병 치료약으로, 수은염은 매독을 비롯한 각종 피부병 치료약으로 사용되었다.

특히 파라셀수스는 자신이 제조한 치료약의 효과가 밝혀지면 그 효과를 구체적으로 분석했다. 예를 들어 빈혈증에 철의 염류가 효과적이라는 것이 밝혀지면, "혈액은 화성의 색과 같은 붉은색이고 화성은 혈액과 철의 군신인 마르스와 결부되어 있기 때문에 철이 결핍되면 혈색이 나빠진다."는 식으로 정리했다. 그의 주장은 당시 널리 퍼져 있던 생각과 상반된 것으로 기존 의사들과 학자들 사이에 논쟁을 불러일으켰다. 그러나 그의 처방 중 일부가 상당한 효과를 보였기 때문에 비판자들조차 그의 이론적 체계에 수긍할 수밖에 없었다.

파라셀수스의 활동은 과학적 활동과 거리가 먼 것으로 비판하기 쉽다. 그러나 그의 이론과 활동이 얼마나 근대과학에 접근했냐는 물음을 던진다면, 파라셀수스에서 시작한 의화학은 기존 의학의 대안이 되었고 연금술에서 화학으로 발전하는 통로로서 중요한 역할을 했다는 점은 인정해야 할 것이다.

지구, 태양 주변을 돌다

서기 2020년, 우주 비행사들이 세계 최초로 화성 착륙에 성공한다. 그러나 화성 탐사대 1호팀이 화성에 도착하자마자 대원들은 알 수 없는 거대한 힘에 이끌려 공중분해되어 우주 공간으로 사라져 버린다. 한편, 인류 최초로 화성 착륙에 성공한 기쁨에 들떠 있던 NASA는 화성 탐사대가 사라지자 놀라움을 감추지 못한다. 영화 〈미션 투 마스〉에 나오는 장면이다.

영화에서 NASA는 황급히 구조대원들을 보내 탐사대원들이 사라진 원인을 조사하고 생존자 구출을 위한 구조 작전에 나선다. 화성으로 간 구조대원들은 가까스로 화성인이 남겨 놓은 건물을 발견하고, 화성의 대기가 아닌, 지구와 같은 성분으로 구성된 공기가 있는 건물 안으로 들어선다. 그들은 헬멧을 벗고 지구의 생명 탄생에 대한 설명을 듣는다.

그 배경에 태양계의 모습이 홀로그램으로 그려진다. 태양계는 태양을 중심으로 그 주위를 돌고 있는 9개의 행성과 행성에 속해 있는 위성, 소행성, 그리고 혜성으로 구성되어 있다(이 장면에서 흠이라면, 영화 속 태양계 행성들이 거꾸로

◉ 영화 〈미션 투 마스(Mission To Mars)〉는 2020년에 세계 최초로 화성 착륙에 성공한 우주비행사들의 삶을 그리고 있다.

된 방향, 즉 시계 방향으로 공전한다는 것이다. 원래 태양계에 속하는 행성들의 공전 방향은 반시계 방향이다).

그 옛날 논쟁의 중심이 되었던 태양 중심의 우주 체계가 컴퓨터 그래픽으로 만든 영화 속 화면을 가득 채우고 있다. 수천 년 전 아리스토텔레스나 케플러(Johannes Kepler, 1571~1630)는 상상할 수 없었던 장면들이 현재 진행 중인 것이다.

지구가 태양계의 중심이다

서양에서 그리스 이래로 중세까지 널리 믿어 온 아리스토텔레스적 과학이 17세기를 전후하여 새로운 형태의 과학으로 바뀌는 혁명적인 사건이 일어났다. 우리에게 익숙하면서도 낯선 '과학혁명'은 지구가 우주의 중심에 있고 만물은 공기, 불, 물, 흙으로 이루어져 있다는 믿음을 헛된 이야기로 만들어

◉ 과학혁명의 시작을 알리는 대표 주자로 알려
져 있는 코페르니쿠스.

버렸다. 이제 사람들은 우주와 물질, 생물 등 이 세상에 존재하는 자연 현상을 새로운 시각으로 보기 시작했다.

과학혁명은 '우주의 중심이 지구인가, 태양인가?'라는 물음에서 시작했다. '코페르니쿠스적 전환'으로 널리 알려진 폴란드의 천문학자 코페르니쿠스(Nicolaus Copernicus, 1473~1543)는 과학혁명의 시작을 알리는 대표 주자다. 코페르니쿠스가 이탈리아의 볼로냐 대학에서 공부하던 무렵 프톨레마이오스의 우주론에 관한 상이한 견해들이 널리 퍼져 회자되고 있었다.

그 주장들에 의문을 품은 코페르니쿠스는 1512년에 고국으로 돌아와 교회 일을 도우면서 교회의 옥상에 관측 시설을 설치한 후 천체를 관측했다. 그 과정에서 그는 당시의 행성 운행표에 오류가 있음을 발견했다. 또한 그는 그리스의 천문학자 아리스타르코스가 주장한 지동설과 프톨레마이오스의 『알마게스트』를 읽으면서 프톨레마이오스의 우주 체계가 갖고 있는 모순점을 발견했다.

코페르니쿠스는 지구 중심의 우주 체계 대신에 태양 중심의 우주 체계, 즉 지구가 태양 주위를 돈다는 생각을 하게 되었다. 당시 이러한 생각은 매우 위험했던 만큼, 코페르니쿠스는 실제로 지구가 우주의 중심에 있을 경우를 염두에 두고 행성들의 움직임을 계산했다. 그 결과 그는 프톨레마이오스의 우주 체계가 행성의 정지와 역행을 만족스럽게 설명할 수 없다는 것을 발견했다. 즉, "행성들이 하늘에 정지해 있는 것으로 관측되며, 프톨레마이오스의

우주 체계만으로는 몇 달 동안 후진하고 있는 것이 관측되는 현상들을 충분히 설명할 수 없다."는 것이다. 프톨레마이오스는 이러한 현상을 설명하기 위해 큰 원에 매달려 있는 작은 원인 80여 개의 주전원(epicycle) 개념을 도입했다. 코페르니쿠스는 이러한 문제점을 해결하기 위해 고심한 끝에 "태양이 우주의 중심이고, 모든 행성이 태양을 중심으로 회전한다."는 가정 아래 행성들의 정지와 역행을 설명했다.

코페르니쿠스가 사망한 1543년에 그의 우주관이 담긴 『천구의 회전에 관하여』가 출간되었다. 코페르니쿠스는 매우 어렵게 출판된 그 책에서 주전원이나 이심, 대원 같은 부가적인 장치들을 사용하지 않고 행성의 궤도가 완전한 원 모양은 아니지만 원에 가깝다고 설명했다. 또한 당시 천문학에서 문제시되었던 내행성의 위치와 최대이각, 행성이 공전하는 동안 일어나는 역행

운동 등을 간단하게 기술했다. 이를 통해 코페르니쿠스는 태양 중심의 우주 체계를 발표하여 프톨레마이오스의 우주 체계가 갖는 문제점을 해결했다.

우주를 바라보는 새로운 시각, 태양 중심 세계관

기독교 사회였던 당시에 태양 중심설을 주장하는 것은 신성모독이었다. 그러한 까닭에 평생 신부로 재직하며 천문학을 공부했던 코페르니쿠스는 태양 중심의 우주 체계를 널리 알리는 데 소극적일 수밖에 없었다. 우주에서 인간이 차지하는 위치에 대해 말해 주는 세계관은 종교뿐만 아니라 과학적 이론에도 적용되었던 것이다. 단적으로 '지구 중심적 세계관'으로 불리는 프톨레마이오스의 세계관은 지구(인간)가 우주의 중심에 있다는 것이고, '태양 중심적 세계관'으로 불리는 코페르니쿠스의 우주관은 태양(자연)이 우주의 중심에 있다는 이야기다.

코페르니쿠스는 천문학적 현상에 경도되어 천체를 관측하면서 당시 행성 운행표가 갖는 오류의 원인을 찾는 데 많은 시간을 할애했음에도 불구하고 그의 주장에는 한계가 있었다. 예를 들어 그의 주장은 직접 관측한 사항에 기초하지 않았고, 지구가 자전하면서 동시에 엄청나게 빠른 속도로 태양의 주위를 돌고 있는 동안에 인간이 지구에서 떨어지지 않는 이유를 구체적으로 설명하지 못했다. 더욱이 보수적이었던 코페르니쿠스는 고대 그리스 천문학에서 완전히 벗어나는 대신에 아리스토텔레스의 체계 내에서 행성의 원운동을 설명했고, 직접 관찰한 행성의 운동과 행성의 운행을 계산한 값이 일치하지 않자 프톨레마이오스의 우주 체계보다는 적은 수이지만 주전원을 도입했다.

그러나 코페르니쿠스의 이론은 낡은 세계관을 대체할 유용한 대안이자 새로운 세계관을 최초로 제시했다는 점에서 역사상 중요한 의미를 가지고 있다. 그의 이론이 발표된 후 갈릴레이, 케플러, 뉴턴 등이 그의 주장을 기초로 하여 고대의 우주관을 새롭게 바꾸려는 노력을 시도했다. 특히 케플러는 코페르니쿠스의 발상에 대해 "나는 코페르니쿠스의 견해가 옳다고 인정한다. 그리고 말로 표현할

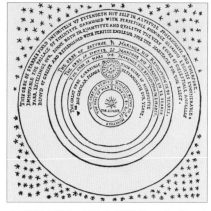

◉ 우주의 중심이 지구인가 태양인가? 코페르니쿠스의 태양 중심 우주 구조.

수 없는 황홀경에 빠져 그 조화를 바라본다."라고 고백할 정도였다.

별들의 움직임을 수학적으로 관찰하다

학교에서 제대로 대접을 받지 못하던 포레스트 검프는 자신이 바람처럼 빨리 달릴 수 있다는 것을 깨닫고 달리기로 미식축구부에 들어간다. 이후 미식축구 선수로 대학까지 졸업한 뒤 베트남 전쟁에 참전하여 전쟁 영웅이 되고 탁구 선수로 올림픽에 참가하여 유명 인사가 된다. 그 후에도 애플컴퓨터 사업에 투자하여 큰돈을 번 후, 자신이 가진 돈을 사회에 환원하고 3년이라는 기나긴 시간 동안 발길 닿는 대로 달리기만 한다. 바로 IQ가 75밖에 되지 않지만 순수한 마음을 가지고 있는 포레스트 검프의 파란만장한 삶을 담은 영화 〈포레스트 검프〉의 내용이다.

이 영화의 대사 중 "인생은 초콜릿 상자와 같다. 어떤 초콜릿을 선택하느냐에 따라 맛이 달라지듯이 우리의 인생도 어떻게 선택하느냐에 따라 결과가 달라질 수 있다."라는 말이 있다. 오늘날 사람들은 대부분 눈앞의 경제적 성공을 위해 앞만 보고 달려가면서 포레스트 검프처럼 한 가지 일에 우직하게 매달리는 모습이 바보 같다고 생각한다.

과학사에서도 이처럼 우직한 모습을 보인 사람들이 있었다. 30여 년 동안 육안으로 별과 행성의 운동을 관측한 티코 브라헤(Tycho Brahe, 1546~1601), 그리고 브라헤가 남긴 방대한 자료를 16년간 정리하여 행성이 타원 궤도로 운동한다는 것 등을 알아낸 케플러가 그랬다. 이 엉뚱한 바보들은 도대체 어떠한 과학적 세상에 매료되었길래 그렇게 기나긴 시간 동안 몰두할 수 있었을까?

◉ 영화 〈포레스트 검프(Forrest Gump)〉.

맨눈으로 하늘을 보아라

코페르니쿠스의 우주관이 발표되자 학자들과 철학자들은 두 세계관 중에서 하나의 우주관을 선택해야 하는 기로에 섰다. 이러한 선택의 과정에 결정적인 변수를 제공한 사람이 바로 인류 최고의 육안 천문학자로 알려진 티코 브라헤다.

덴마크의 천문학자인 티코 브라헤는 '복 있는 아이'라는 뜻의 이름처럼 경제적으로 넉넉한 생활을 누렸다. 그러던 중 브라헤는 1560년 8월 인생을 뒤바꿀 만한 감동적인 경험을 하게 된다. 당시 코펜하겐 대학에 다니고 있었던 브라헤는 그곳에서 하늘에서 일어나는 부분일식을 관측하게 되었다. 부분일식은 무척 흥미로운 광경이었지만, 천문학자들이 이 일식을 정확하게 예측했다는 사실이 더욱더 브라헤의 흥미를 끌었다. 이후 법학을 공부하던 브라헤는 천문학을 공부하기로 결심하고 프톨레마이오스의 『알마게스트』를 읽으며 일식을 계산하는 방법을 배우고 별들을 자세히 관측하기 시작했다.

1563년 무렵 목성과 토성이 서로 접근하여 '행성들의 합(合)'이라고 불리는 현상이 일어났는데, 그 광경을 보고 있던 브라헤는 자신의 예측과 천문학자의 예측이 다르다는 사실을 발견했다. 행성들의 합은 두 개의 천체가 지구와 일직선상에 위치하게 되는 것으로, 천문학자들이 예측 가능한 현상이었다. 당시 천문학자들은 『알마게스트』에 나오는 별들의 목록에 근거하여 합이 일어나는 시기를 예측했다.

반면 브라헤는 자신이 직접 관측한 내용에 근거하여 그 시기를 예측했다. 그리고 천문학자의 계산과 자신의 관측한 값이 다르다는 것을 발견한 것이다. 브라헤는 『알마게스트』와 다른 천문학 서적에 나오는 별들의 목록이 틀렸다고 생각하고, 그때부터 행성의 운동을 관측하기로 결심한다.

브라헤의 결심은 덴마크 국왕의 후원 아래 행성들의 운동을 관측하는 활동으로 가시화되었다. 그는 1572년에 다른 별들보다 밝은 빛을 내는 새로운 별을 발견했다. 이 별은 떠돌아다니지 않으며 지구의 대기권 안이나 달 아래의 영역에 있는 것이 아니라 토성보다 훨씬 먼 거리에 있는 초신성이었다. 이는 '하늘은 완전하여 변하지 않는다.'는 아리스토텔레스의 생각과 다른 현상으로, 하늘도 변하며 완전하지 않다는 것을 단적으로 보여 주는 사례였다.

이 이야기를 들은 덴마크 국왕은 브라헤에게 흐벤 섬에 설치한 '하늘의 도시(Uraniborg, 우라니보르그)'라고 불리는 대규모 관측 시설을 하사했다. 브라헤는 이곳에서 각 거리를 정확하게 측정할 수 있는 천문학적 기구인 '방위각 사분의'와 구리로 만든 대형 '천구의'를 만든 후 그 기구들을 이용해 행성 운동을 관측했다. 오늘날 '경위의(經緯儀)'로 알려져 있는 방위각 사분의는 초까지 읽을 수 있을 정도로 정확했다.

브라헤는 별이 있는 방향으로 긴 자와 반
원의 각도기를 대고 1,000여 개의 큰 별들
의 위치와 이 별들과 관계된 행성들의 위치
를 정밀하게 측정했다. 브라헤는 정확한 천
문 기구들의 도움 아래 바람의 방향, 온도의
변화, 대기에 의한 굴절, 내적인 오차 등의

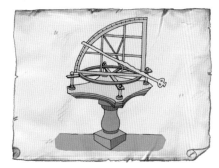

● 티코 브라헤의 관측 기구.

영향을 최소화하여 역사상 가장 정밀한 육안 관측 기록을 남겼다. 그가 관측
한 값은 『알마게스트』에 기록된 값들보다 훨씬 정확했고, 관측 오차는 5초나
10초, 혹은 1분이나 2분 정도로 고대의 관측값보다 두 배 정도 정확했다. 나
중에 망원경으로 별을 관측하게 되기까지 브라헤의 관측치는 최고의 자리를
유지했다.

브라헤는 육안으로 행성을 관측한 후 초신성이나 혜성을 처음으로 발견했
을 뿐만 아니라 그것에 기초하여 태양 중심설과 지구 중심설을 적절히 섞은
'과도기적 우주 구조'를 주장했다. 그러나 그는 거의 16년 동안 화성을 관측
하여 최고의 정확도를 자랑하는 화성 궤도에 대한 방대한 기록을 축적했으나
그것을 이용하여 행성에 관한 이론을 정립하지 못한 채 세상을 뜨고 말았다.
관측 기록을 이용해 화성 궤도의 역행과 순행을 설명하고자 했던 브라헤의
바람은 이루어지지 않았던 것이다.

수학적으로 완성된 행성들의 운동

1600년 무렵 28세의 케플러와 53세의 브라헤 사이에 우연을 가장한 필연적 만남이 이루어졌다. 그 만남 이후 케플러는 브라헤의 조수로 일하며 서로 티격 태격 싸우기도 했지만, 브라헤가 관측한 기록에 무한한 신뢰감을 갖게 되었다. 브라헤가 사망한 뒤 케플러는 몇 년 동안 브라헤의 조수로서 일한 대가치고는 거한 선물이지만, 브라헤가 20년 남짓 관측한 기록들을 유산으로 받았다.

천체는 일정한 속도로 완전한 원운동을 한다고 믿었던 대부분의 학자들처럼 케플러도 처음에 행성의 원운동을 굳게 믿고 있었다. 이러한 믿음 아래 연구를 계속했던 케플러는 브라헤의 관측 자료와 행성의 원궤도 운동이 일치하지 않자, 오랜 고민 끝에 원궤도 대신에 일그러진 모양, 즉 '타원궤도'라는 새로운 행성궤도를 대안으로 제시했다.

이것이 케플러의 제1법칙인 '타원궤도의 법칙'이다. 그러나 당시에 행성이 원이 아닌 타원을 그리며 돈다는 사실을 믿는 사람은 거의 없었다. 케플러는 그 내용이 수록된 책을 갈릴레이에게 보냈지만, 갈릴레이조차 케플러의 주장을 거들떠보지도 않았다고 한다.

● 요하네스 케플러.

케플러는 행성의 타원궤도를 고심하던 중 케플러의 제2법칙인 '면적속도 일정의 법칙'을 주장했다. 면적속도 일정의 법칙은 "행성과 태양을 잇는 선분은 같은 시간 동안 같은 면적을 지나간 다."는 것으로 행성 운동의 불규칙성을 설명해 주었다. 이후 케플러는 우주 체계의 통일성인 조

화를 강조하는 제3법칙 '조화의 법칙'을 주장했다. 이것은 두 개의 행성의 주기와 거리 사이의 관계(주기의 제곱은 태양에서의 평균 거리의 세제곱에 비례한다)를 설명하는 법칙이었다. 케플러는 브라헤의 정밀한 관측 기록들을 기초로 하여 행성의 운동과 지구 중심설을 설명하는 일련의 법칙들을 제시한 것이다. 그러나 그 무렵 사람들은 케플러의 발견을 '기이한 신비주의자의 발견'이라고 치부할 뿐 그것을 수용하지는 않았다.

코페르니쿠스가 시작한 천문학 분야에서 활동은 신성이나 혜성을 발견하여 하늘도 완전하지 않음을 보여 준 브라헤의 관측 활동으로, 브라헤가 남긴 귀중한 관측 자료를 근거로 하늘에서 일어나는 운동을 새로운 수학적 패턴으로 설명한 케플러의 발견으로 이어졌다. 케플러의 발견은 행성의 법칙 및 행성 운동에 대한 해답을 제시하여 천문학 혁명을 일단락 지은 중요한 사건이었다.

제 2 부

과학에
눈을 뜨다

피사의 사탑에서 중력을 발견하다

영화 〈슈퍼맨3〉을 보면 어디선가 슈퍼맨이 나타나 피사의 사탑을 반듯하게 세우고 날아가는 장면이 나오는데 이 장면은 20여 년이 지난 지금까지도 웃음을 주는 명장면으로 꼽힌다. 대기업 총수인 로스 웹스터는 얼간이 컴퓨터 기술자 거스를 고용해 기상위성을 마음대로 조작하여 콜롬비아에 태풍과 홍수를 일으켜 커피 농사를 망치게 한다. 이후 로스는 그 여파로 발생한 사회적 현상을 이용하여 전 세계 커피 산업을 마음대로 조종하지만 슈퍼맨의 등장으로 실패하고 만다.

이에 분노한 로스는 슈퍼맨의 약점을 알아낸 후 슈퍼맨을 죽이기 위한 특수 화합물을 만들어 슈퍼맨에게 선물로 준다. 그러나 거스가 화합물을 만드는 성분 하나를 바꾸는 바람에 슈퍼맨은 죽지 않고 도리어 전 세계를 돌아다니며 나쁜 짓만 하는 악당 슈퍼맨이 되어 버린다. 이에 슈퍼맨의 분신인 클락이 악당 슈퍼맨과 대결하는 상황에 놓이게 된다. 결국 두 슈퍼맨의 대결 끝에, 슈퍼맨은 착한 본성을 되찾고 악당 슈퍼맨이 저지른 일들을 하나하나 해결해 나간다.

이 과정에서 피사의 사탑과 관련된 웃지 않을 수 없는 장면이 나온다. 처음에 악당 슈퍼맨이 약간 기울어져 있는 피사의 사탑을 똑바로 세우자, 그 앞에서 피사의 사탑 모형을 팔던 장사꾼이 상품을 집어던진다. 이후 본래의 착한 모습으로 돌아온 슈퍼맨이 다시 피사의 사탑을 원래대로 기울여 놓자 똑바로

● 피사의 사탑을 다시 세운 '악동' 슈퍼맨, 〈슈퍼맨 3(Superman Ⅲ)〉.

된 피사의 사탑 모형을 팔던 장사꾼은 가게에 전시된 모형들을 모두 박살내 버린다.

쓰러질 듯 쓰러지지 않는 피사의 사탑이 가지고 있는 묘미를 없애 버린다면, 사람들은 피사의 사탑에서 무엇을 느낄까? 기울어져 있어서 더욱 아름다운 피사의 사탑에서 시작된 갈릴레이의 과학 세계로 떠나 보자.

새로운 진자의 원리를 찾아라

피사의 사탑은 이탈리아 중부의 피사에 있는 쓰러질 듯 기울었으나 쓰러지지 않는 종탑이다. 피사의 사탑은 2008년 기준으로 중심축에서 약 5.5도 기울어져 있고, 294개의 나선형 계단으로 꼭대기까지 연결되어 있다. 여러 차례 개·보수를 통해 기울기를 완화하려 했지만 현재도 서서히 남서쪽으로 기울고 있다. 이곳은 갈릴레이가 낙하실험을 한 것으로 더욱 유명해졌으며 그

것이 보여 주는 묘미는 계속 회자되고 있다.

갈릴레오 갈릴레이(Galileo Galilei, 1564~1642)는 1583년에 피사의 사탑 옆에 있는 두오모 성당에서 지루한 설교를 듣는 동안 우연히 천장에 매달려 있는 샹들리에가 흔들리는 것을 보았다. 갈릴레이가 보기에 양초를 여러 개 얹은 샹들리에는 일정한 법칙에 따라 운동하는 것처럼 보였다. 갈릴레이는 자세히 관찰한 끝에 샹들리에가 흔들리는 시간이 똑같다는 사실을 발견했다. 샹들리에가 흔들리는 진동의 폭이 넓을 때나 좁을 때나 한 번 진동하는 데 걸리는

◉ 피사의 사탑에서 낙하 실험을 한 갈릴레오 갈릴레이.

시간, 즉 주기가 변하지 않았던 것이다. 당시 의학을 공부하고 있던 갈릴레이는 시계 대신 자신의 맥박을 이용하여 샹들리에의 왕복 시간을 측정했다. 측정 결과 모두 똑같은 시간(주기)이 걸렸다.

새로운 사실을 발견한 갈릴레이는 이를 정확히 확인하기 위해 여러 가지 실험을 했다. 우선 갈릴레이는 실의 한끝에 추(진자)를 달고 다른 끝을 한 점에 매단 단순한 형태의 단진자로 추가 운동하는 시간을 측정했다. 진자가 운동한 시간은 실의 길이(진자의 길이)에만 관계가 있었다. 즉, 실에 매달린 진자는 진폭이나 진자의 질량과는 관계가 없고 진자 길이의 변화에 따라서만 그 주기가 달라졌다. 갈릴레이는 이를 '진자의 등시성'이라고 했고, 진자의 등시성에 대한 발견으로 일약 유명 인사가 되었다.

누가 먼저 떨어질까?

피사의 사탑과 관련된 일화 중 가장 유명한 이야기는 물체의 낙하운동에 대한 실험이다. 당시 오랫동안 권위를 누리고 있던 아리스토텔레스는 무거운 물체가 가벼운 물체보다 훨씬 빨리 떨어지는 것이 옳다고 주장했다. 즉, 무거운 쇠공과 가벼운 솜을 동시에 떨어뜨리면 쇠공이 빨리 떨어진다는 것이다. 갈릴레이는 이에 대해 "증명이 필요한 일을 그냥 진실로 단정하지 말자."며 아리스토텔레스의 이론들이 맞는지 하나하나 확인하는 실험을 해야 한다고 강조했다.

갈릴레이는 스물다섯 살이 되던 해인 1590년에 무게가 다른 쇠공을 들고 피사의 사탑으로 올라갔다. 피사의 사탑 7층 꼭대기에 올라간 갈릴레이는 많은 사람들이 보고 있는 가운데 무게가 다른 두 개의 공을 동시에 떨어뜨렸다. 아리스토텔레스의 이론에 따르면 무게가 두 배 무거우면 두 배 빠른 속도로 떨어져야 했다. 그러나 실험 결과는 뜻밖이었다. 무게가 다른 두 공이 똑같은 속도로 동시에 떨어진 것이다. 2,000년 동안 이어진 아리스토텔레스의 권위가 땅에 떨어지는 순간이었다.

이 일화는 갈릴레이의 실험 정신을 보여 주는 사례로 자주 거론된다. 그러나 갈릴레이가 이 실험을 했는지, 혹은 했다면 이것이 최초의 실험인지에 대한 여부는 확실하지 않다. 갈릴레이가 피사의 사탑에서 실험을 했다는 증거가 없을 뿐만 아니라 실험을 목격한 사람도 없기 때문이다. 즉, 많은 사람들이 갈릴레이가 피사의 사탑에서 공의 낙하 실험을 시도해 새로운 사실을 발견한 것으로 알고 있으나, 이는 과학사에서 잘못 알려진 대표적 사례다. 군사 기술자였던 네덜란드의 스테빈(Simon Stevin, 1548~1620)이 포탄의 낙하 문제에 관심이 많아 1587년에 자신의 집 2층 창문에서 무게가 다른 두 개의 납공을 떨어뜨려 동시에 땅에 떨어진다는 것을 확인했다는 일화는 분명한 사실이다.

갈릴레이의 제자 비비아니(Vincenzo Viviani)가 스승의 전기를 쓰면서 이 일화를 갈릴레이의 업적으로 기록했다는 것이 학자들의 일반적 시각이다. 스테빈의 이야기를 알고 있던 비비아니가 스승의 업적을 후세에 널리 알리기 위해 '고의적으로' 스테빈의 공적을 갈릴레이의 업적으로 바꾼 것 같다는 것이다. 스승에 대한 존경이 비록 후세에 재미있는 일화로 전해지기는 했지만, 과잉 충성의 대가로 과학사의 오류로 널리 회자되는 상황은 피할 수 없게 되었다.

낙하실험의 진위 여부를 떠나서 갈릴레이가 물체의 낙하 문제에 대해 어떻게 생각했는지는 그의 책에 잘 나타나 있다. 갈릴레이는 『두 개의 새로운 과학에 관한 대화』에서 다음과 같이 말했다.

"만약 무거운 물체가 먼저 땅에 떨어진다고 가정해 보자. 무거운 물체와 가벼운 물체를 서로 연결해 떨어뜨리면, 무거운 물체는 빨리 떨어지고 가벼운 물체는 그보다 늦게 떨어질 것이다. 그러면 이 경우 떨어지는 속도는 무거운 물체 하나인 경우보다 늦고, 가벼운 물체 하나인 경우보다 빠르다. 그런데 두 물체가 연결되어 있으면 전체 무게는 더욱 무거워지므로 두 물체를 연결해서 떨어뜨리는 경우 각각 따로 떨어뜨릴 때보다 더욱 빨리 떨어지는 것이 옳다. 하나의 가정에서 이처럼 상반된 두 결론이 나온다는 것은 처음의 가정이 틀렸다는 것을 의미한다. 따라서 무거운 물체나 가벼운 물체나 동시에 떨어진다는 결론을 얻을 수 있다."

즉, 갈릴레이는 실험에 앞서 아리스토텔레스에서 시작해 중세의 역학이론을 지배해 온 '무거운 물체일수록 빨리 떨어진다.'는 주장이 잘못되었음을 논리적으로 증명한 것이다.

　갈릴레이는 실험의 중요성을 누구보다 빨리 깨달아 매우 정교한 방법, 즉 한 가지 원인이 주로 지배하는 조건을 인공적으로 만든 후 자연의 법칙을 이 끌어 내는 여러 가지 실험들을 했다. 더욱이 그는 자연 현상을 수학적으로 기 술하는 것이 근대 과학의 출발점이라고 생각하여 그 실험들에서 나온 결과를 수학으로 표현했다. 수학적 방법과 실험적 방법을 정교하게 결합한 갈릴레이 의 접근법은 근대 과학의 대발견을 이끄는 중요한 출발점이 되었다.

별자리가 망원경 안으로 들어오다

1967년에 시작된 달 탐험 프로그램 '아폴로 플랜'은 1969년 7월 아폴로 11호가 처음으로 달에 인간의 발자국을 새긴 뒤 1972년 12월 아폴로 17호의 달 착륙을 끝으로 막을 내렸다. 영화 〈아폴로 13〉은 1970년 4월 우주 비행 도중 뜻하지 않는 사고를 당한 세 명의 우주비행사들이 위기 상황을 극복하고 기적적으로 귀환한 실화를 그리고 있다.

드디어 발사일, 새턴 5호 로켓에 실린 아폴로 13호가 어마어마한 화염을 일으키며 하늘로 솟아오르면서 드디어 달 탐험의 여정이 시작되었음을 알린다. 지구 궤도를 이탈해 달로 날아간 뒤 달 착륙선과 무사히 도킹(docking, 우주선이 우주 공간에서 다른 비행체에 접근하여 결합하는 일)까지 마친 우주비행사들이 달 궤도 진입에 앞서 휴식을 취하려는 순간, 난데없는 폭음과 함께 우주선이 요동친다. 산소 탱크 안의 코일이 전기 합선으로 폭발한 것이다.

컴퓨터도 없이 수동 조종으로 천신만고 끝에 대기권 진입 지점까지 온 비행팀은 마지막 고비를 맞는다. 모두가 불안해하는 가운데 아폴로 13호팀이 대기권에 진입하고 비행사들의 응답이 없어 포기하려는 순간, 화면에 낙하산 세 개에 매달린 우주선 캡슐의 모습이 들어온다. 달 착륙에는 실패했지만 극적인 귀환에 성공한 아폴로 13호의 드라마가 끝나는 순간이다.

많은 과학자들은 아주 오랜 옛날부터 달을 보며 '언제 누가 저 달을 밟을 것인가?'라고 생각했을 것이다. 영화 〈아폴로 13〉에서는 우주비행사들이 생명의 위협을 느끼면서도 여유롭게(?) 지구와 달의 모습을 보며 황홀경에 빠지는 모습이 나오기도 했다.

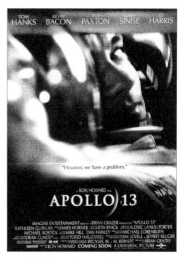

◉ 영화 〈아폴로 13(Apollo 13)〉.

태양 중심설이 아직 널리 알려지지 않았던 시기에 망원경으로 달을 보았던 갈릴레이, 그가 바라본 달의 모습은 어땠을까?

'장난감'으로 하늘을 보다

브라헤는 맨눈으로 하늘을 보고 정밀한 관측 기록을 남겼지만, 일반 사람들이 맨눈으로 하늘을 관찰하는 것은 어렵고도 힘든 일이다. 만약에 안간힘을 써서 그 무엇인가를 보았다 할지라도 정확성은 장담할 수 없다. 그러나 망원경이 발명되면서 사람들은 지구의 자연을 넘어서 우주 너머까지 하나 둘 관심을 갖고 관찰하기 시작했다.

네덜란드의 암스테르담에 살던 안경 제작사 한스 리페르헤이(Hans

Galileo's Telescopes
The cracked lens is mounted in centre

● 갈릴레오의 망원경, 텔레스코피움.

Lipperhey)는 1608년 어느 날 '우연히' 망원경의 원리를 발견했다. 그는 렌즈 두 개를 들고 있다가 우연히 하나를 다른 하나의 앞에 두었다. 두 개의 렌즈가 겹쳐 있는 곳을 바라보자 멀리 있던 물체가 매우 가까이 있는 것처럼 보였다. 이후 그는 금속이나 나무로 만든 통 속에 유리를 갈아서 만든 볼록렌즈와 오목렌즈를 끼워 먼 곳을 볼 수 있는 도구인 망원경을 제작했다. 이 망원경은 곧 흥미로운 새 장난감으로 온 유럽에 팔려 나갔다. 이 도구는 '멀리 보기 위한 도구' 혹은 '시력을 높여 주는 발명품'이라고 불렸고, 이후 갈릴레이가 '텔레스코피움(Telescopium)'이라는 이름을 붙였다.

1609년 7월 베니스를 방문한 갈릴레이는 망원경 소식을 듣고 자신만의 망원경을 만들기 시작했다. 당시 망원경은 물체가 확대되어 보이기는 해도 두세 배밖에 안 되거나 너무나 희미하고 찌그러져 사람들의 관심을 끌지 못했다. 그러나 렌즈 연마 기술을 익힌 갈릴레이는 굴절률이 낮은 볼록렌즈와 굴절률이 높은 오목렌즈를 이용하여 8~9배율의 망원경을 만들었다. 갈릴레이는 자신이 만든 망원경의 성능에 대해 "정말로 놀랍게 작은 것들까지 볼 수 있었다."고 설명했다.

다방면에 걸쳐 발명품을 만들어 낼 정도로 탁월한 발명가 기질이 있었던 갈릴레이는 눈에 띄게 개량된 망원경을 만들었다. 가운데 상만 명료하고 가장자리 상은 흐려지는 단점을 보완하여 1609년 11월에 20배율의 성능을 가진 망원경을 만든 것이다. 당시 갈릴레이는 망원경 제작 과정을 다음과 같이 기록했다.

　"두 렌즈는 두 개의 둥근 통 끝 부분에 고정시켰고, 가운데 눈을 가까이 대는 렌즈를 고정시킨 통은 초점을 잘 맞출 수 있도록 앞뒤로 미끄러지게 만들었다. 전체 길이가 약 1미터 정도 되는데 망원경은 흔들림을 방지하기 위해 받침대에 설치했다."

　갈릴레이는 망원경을 단순한 장난감 이상으로 생각했으며 그때까지 아무도 보지 않았던 밤하늘을 관찰했다. 갈릴레이는 인간의 발길이 닿지 않는 새로운 세계를 망원경으로 본다면 새로운 사실들을 더 많이 밝혀낼 수 있을 것이라고 생각했다.

　그는 1609년 가을에 자신이 만든 20배율 망원경으로 달은 물론 인간의 눈으로 관찰할 수 없는 수없이 많은 새로운 별들을 관찰했다. 당시 실제로 몇몇 천문학자들이 망원경으로 하늘을 관찰하고 있었던 만큼, 갈릴레이가 망원경으로 달을 최초로 관찰했다는 평가보다 '가장 성공적으로 달을 관찰한 과학자'였다고 보는 것이 적당하다고 할 수 있다.

망원경 속 행성은 어떠한 모습일까

1609년경 갈릴레이는 독일의 천문학자 시몬 마리우스가 목성과 동행하는 별(위성)을 보았다는 소식을 들었다. 갈릴레이는 1610년에 목성의 위성을 관측하기 시작했으나, 마리우스가 자신보다 먼저 발견하지는 않을까 하는 생각에 서둘러 40쪽짜리 소책자 『별들의 보고(Siderius Nuncius)』를 출판했다.

갈릴레이는 분량은 적지만 혁명적인 내용을 담은 이 책에서 목성과 그 외자신이 관찰한 것을 자세히 기술했다. 주로 달 표면의 불규칙적인 모습, 목성의 위성, 금성의 위상 변화, 태양의 흑점, 은하수 발견 등 대부분 아리스토텔레스의 우주론이 갖고 있는 모순점을 보여 주기에 충분한 내용들이었다.

갈릴레이가 망원경으로 관찰한 것 중 가장 흥미로운 것은 달의 모습이었다. 당시 아리스토텔레스의 우주론에 따르면 '천체는 완벽하고 변하지 않으며 전적으로 매끈한 공 모양'이었고 육안으로 볼 수 있는 달의 큰 점도 상황에 따라 적당히 넘어갔다. 이후 코페르니쿠스가 "지상은 변화하고 불완전하며 천상은 불변하고 완전하다."는 생각을 뒤흔들어 놓았지만 그 주장을 입증할 구체적 증거들은 제시되지 않았다.

갈릴레이는 이러한 주장의 증거로서 달과 별의 연구로 시작하는 『별들의보고』에서 매끄러운 달의 표면에 대해 이렇게 주장했다.

"여러 위대한 사람들이 믿어 온 바와 달리 저는 달이나 그 밖의 천체가 평평하지도 매끈하지도 고르지도 않다는 사실을 분명히 알게 되었습니다. 오히려 정반대로 달 표면은 거칠고 울퉁불퉁하게 보였습니다."

즉, 갈릴레이는 육안으로 관측 불가능한 것을 망원경으로 보고 그 과정에서 발견한 새로운 사실들을 자신이 직접 그린 삽화와 함께 제시한 것이다.

그뿐만 아니라 갈릴레이는 망원경으로 금성의 모양 변화는 물론 목성 주위에 있는 4개의 위성을 발견했다. 프톨레마이오스의 우주 구조에 따르면, 금성은 태양의 앞과 뒤로 움직이는 것이 불가능해 지구에서 바라본 금성은 언제나 초승달 모양이다. 그러나 갈릴레이는 망원경으로 금성이 달처럼 초승달 모양에서 반달, 보름달 모양으로 위상이 변화하는 것을 관측했다. 금성이 지구에 가까이 있을 때 초승달 모양이고 그 크기도 보름달보다 훨씬 크게 보이는 것이었다. 또한 갈릴레이는 몇 주에 걸쳐 관측한 끝에 목성 주위에 네 개의 별이 목성에서 멀어지지 않고 일직선을 이루고 있다는 사실을 발견했다. 갈릴레이는 목성의 근처의 작은 별들, 즉 붙박이별을 '목성의 위성'이라고 생각했다.

갈릴레이는 망원경으로 하늘을 관찰하여 아리스토텔레스의 우주론과 모순되면서 코페르니쿠스의 우주론을 뒷받침하는 일련의 가시적인 증거들을 제시했다. 하늘도 변화 가능하고, 지구가 커다란 태양 주위를 공전할 수 있음을 보여 주는, 천문학과 물리학 전반에 새로운 혁명을 일으킬 수 있는 결정적 증거들을 제시한 것이다.

하늘에 '메디치 가의 별'이 있다

메디치 가문은 15세기부터 18세기까지 피렌체를 비롯하여 토스카나 지방을 지배하던 이탈리아의 가문으로, 처음에는 무역과 금융업으로 부를 축적한 후 예술과 문화를 보호하고 후원했다. 메디치 가문은 대공(grand duke)의 작위를 얻어 권력을 누렸기 때문에 그에 따른 반발도 컸다. 이러한 반발을 무마하기 위해 신화화 작업을 벌였고 "메디치 가문의 혈통은 주피터로부터 이어진 것이므로 우리의 지배는 숙명이다."라고 선전했다.

갈릴레이는 이러한 사실을 익히 알고 있었으며 훗날 코시모 2세가 된 코시모 데 메디치에게 수학을 가르친 적도 있어서 메디치 가문과 가깝게 지냈다. 1605년 여름, 그는 자기가 발견한 것을 책으로 출판할 예정이라는 소식과 함께 목성(주피터)의 위성에 대해 쓴 『별들의 소식』을 코시모 2세에게 바치고 싶다는 편지를 전했다.

"저는 별에 당대에 위대한 영웅들의 이름을 붙여 준 고대 현인들의 관습에 따라 그 행성들에 코시모 대공 전하의 이름을 붙이고자 합니다. 실은 이 별들을 처음 발견했을 때 창조주께서 전하의 찬란한 이름을 따서 명명하라고 충고하는 듯했습니다. 그 별에서 전하의 부드럽고 온화한 영혼, 호감을 주는 태도, 빛나는 왕의 혈통, 위엄 있는 행동, 다른 이들을 지배하는 폭넓은 권능을 한눈에 알아보게 될 것입니다."

이후 코시모 2세와 그의 세 동생을 기리는 의미에서 네 개의 위성은 '메디치 별'(네덜란드의 천문학자 마리우스는 목성에서 위성까지 거리를 기준으로 가까운 위성부터 '이오', '에우로파', '가니메데', '칼리스토'라는 이름을 붙였다)이라고 명명되었다.

갈릴레이는 『별들의 보고』를 출판하고 2년 후에 오랜 친구이자 피렌체의 주의원인 베리사리오 빈타(Belisario Vinta)에게 짧은 편지를 보냈다.

"철학과 천문학, 기하학을 모두 담고 있는 거대한 개념, 세계의 구조 및 체계에 대한 이론을 담은 두 권의 책을 쓰는 작업을 하고 있네. 그리고 완전히 새로운 과학 운동에 대한 책도 세 권 있네."

그는 파도바 대학에서 교수로 일하는 것보다 원하는 일을 하고 싶다는 바람에 대해서도 적었다. 거의 20여 년 동안 파도바 대학에서 학생들을 가르쳤던 갈릴레이는 시간적 제약에서 벗어나 망원경 제작, 야간 관측에 몰두하고 이에 따라 새로 발견한 사실들을 체계적으로 정리하려 했다.

갈릴레이의 '선물'을 받은 메디치 가는 그에 대한 답례로 갈릴레이를 궁정 수학자로 임명했다. 갈릴레이는 학문의 전당인 파도바 대학을 떠나 그의 고향인 토스카나 피렌체로 돌아와 메디치 가의 궁정 철학자이자 수학자로서 활동했다. 교황의 권위에 정면으로 대항할 수 있는 힘을 가진 베네치아 공화국의 보호를 벗어나 교황의 강한 영향력 아래에 있는 피렌체로 간 것이다.

물질 파동의 원리를 설명하다

월트 디즈니의 서른여섯 번째 장편 애니메이션 〈뮬란〉은 중국의 잔 다르크라고 불리는 전설 속의 여성 '뮬란'의 이야기를 극화한 애니메이션이다. '파(花)'라는 명문가의 딸인 뮬란은 왈가닥 아가씨이지만 의지가 강했던 터라 아픈 아버지를 대신하여 훈족이 만리장성을 넘어 공격한 전쟁터로 남장을 하고 떠난다.

뮬란은 전쟁터로 나가기 전 가문의 명성을 높이기 위해 좋은 가문으로 시집 가라는 부모님의 권유를 받는다. 그녀는 완벽한 신붓감도 완벽한 딸도 못되지만 진정한 자신이 되고 싶다며 조상의 묘비가 가득한 곳에서 자신의 신세를 푸념하는 노래를 부른다. 묘비에 반사된 뮬란의 얼굴이 두 겹 세 겹으로 보이는 장면은 뮬란의 심정을 더욱 애처롭게만 만든다.

남장을 하고 전쟁터로 떠난 뮬란은 용맹과 지혜를 발휘해 훈족에 대항하지만 여자임이 드러나 군에서 쫓겨난다. 그러나 곧 집으로 돌아오던 중 자신을 믿어 주는 친구들과 함께 용맹하게 싸울 기회를 갖는다. 뮬란이 주인공으로 나오는 「목란시」에 "입었던 갑옷을 벗어 던지고 예전의 치마를 입었습니다. 거울 보며 화장을 했습니다. 함께 동고동락 십이 년이 되었지만, 목란이 처녀인 줄 몰랐답니다."라는 대목이 있다. 전쟁에서 나라와 황제를 구하는 큰 성과를 올린 뮬란은 부드러움과 용감함을 함께 겸비한 여성상으로 다시 태어난 것이다.

● 화려한 색채와 연출 기법을 통해 주인공의 감성을 표현한 영화 〈뮬란(Mulan)〉.

영화 속에서 뮬란의 모습이 여러 군데에 동시에 반사되어 똑같은 모습이 나타나는 장면들이 나온다. 이 장면은 화려한 색채를 바탕으로 동양적 여백의 미와 선의 아름다움을 담고 있어 보는 이들에게 감동을 준다. 하지만 실제로 이러한 연출이 가능할까? 빛은 입사각과 반사각이 항상 같은 크기로 반사된다. 만약 손거울을 들고 자신의 모습을 비추어 보면, 자신의 모습이 보이는 곳은 단 한 군데뿐이다. 따라서 동일한 뮬란의 모습은 단 한 군데에만 비춰야 한다.

빛의 본성은 무엇일까

세상에 존재하는 것 중 빛만큼 인간의 마음속에 신비로움을 가져다주는 것도 없다. 수많은 신화들을 보면 빛은 세상의 시작이자 모든 존재의 근원으로 나타난다. 그러한 까닭에 빛은 고대부터 사색과 탐구의 대상이었다.

고대 그리스 시대 철학자들 중에서 4원소설을 주장한 엠페도클레스

(Empedokles, BC 490?~BC 430?)가 "빛은 빛을 내는 대상(광원)에서 방출되어 사방으로 무한대의 속도를 가지고 퍼져 나가는 그 무엇이다."라고 했고, 피타고라스 및 그의 학파들은 "빛은 대상에서 발사되는 것이지만, 그 빛은 빛을 내는 아주 작은 입자의 형태로 공간을 진행한다."고 말했다.

특히 유클리드는 플라톤이나 당시 여러 철학자들처럼 광선을 대상에서 나와 우리들 눈에 입사되는 그 무엇으로 생각하지 않고, 거꾸로 빛이 우리들 눈에서 나와 대상에 부딪치는 직선으로 이루어져 있다고 보았다. 유클리드의 이런 생각은 중세까지 별다른 비판 없이 이어져 오다가 11세기에 이른 알하이삼에 이르러 "광선은 빛을 내는 대상에서 나와 우리들 눈에 입사되는 그 무엇이다."라는 주장으로 바뀌었다.

17세기에 이탈리아의 천문학자 지오반니 그리말디(Giovanni Francesco Grimaldi, 1606~1680)는 오랜 시간 사색의 대상이자 논쟁의 대상이었던 "빛의 본성이 무엇인가?"라는 문제에 대한 답으로 파동설을 주장했다. 그는 최초로 빛은 늘 직진하는 것이 아니라 그 일부가 휘어져 지나가는 빛의 회절 현상을 일으킨다고 말했다. 이 회절 효과는 빛의 입자성이나 직진성 대신에 파동성으로 설명이 가능했던 것이다. 그리말디는 이러한 회절 효과를 명확하게 설명하지 못했지만, 그의 실험 이후 많은 물리학자들이 점차 빛의 본성이 무엇인가에 대해 논쟁하기 시작했다.

파동설과 입자설 사이에서

뉴턴이 '숨무스 후게니우스(비견할 자 없는 하위헌스)'라고 지칭했던 크리스티안 하위헌스(Christiaan Huygens, 1629~1693)는 최초로 진자시계를 고안하고, 망원경의 개량과 토성의 고리에 대해 처음으로 정확한 설명을 한 천문학자다. 더불어 빛을 입자가 아닌 파동으로 설명하는 중요한 업적을 남겼다.

● 크리스티안 하위헌스.

하위헌스는 빛의 반사와 굴절 현상 등 빛의 본질을 파동설로 설명했다. 그의 생각은 1678년 파리의 과학아카데미에서 발표한 것으로 1690년에 정식으로 출판된 「빛에 관한 논문」에 소개되어 있다. 이것이 바로 파가 진행하는 모양을 그림으로 표현하는 방법을 나타낸 '하위헌스의 원리' 다.

하위헌스의 원리에 따르면, 잔잔한 수면에 작은 돌을 떨어뜨리면 떨어진 점을 중심으로 물결이 동심원을 그리면서 사방으로 퍼져 나간다. 이때 물질의 한 부분에서 일어난 진동이 차례로 인접한 부분으로 전달되는 현상이 '파동' 이고, 소리나 물결과 같은 진동을 다른 곳으로 전달하는 물질(공기나 물)이나 파동을 전달하는 물질이 '매질' 이며 파동이 처음으로 발생한 부분이 '파원' 이다.

파동이 전파될 때 매질의 변위와 운동 상태가 같은 점인 위상이 같은 점들을 이은 면을 파면이라고 한다. 이 파면이 평면이거나 직선인 것을 '평면파' 라고 하고 구면이거나 원인 파동을 '구면파' 라고 부른다.

하위헌스는 오늘날까지도 유용하게 쓰이고 있는 모형을 통해 파동이 퍼져 나가는 모습을 설명했다. 예를 들어 파동이 진행될 때 파면상의 각 점은 원래의 파원과 같은 진동 수로 진동하는 점파원이 되며, 이러한 무수한 점파원에서 발생하는 구면파가 겹쳐서 파면을 이룬다. 파동이 전파되는 경우 매질의 변위와 운동 상태가 같은 점들을 '위상이 같다' 고 말하며, 위상이 같은 점들을 이은 선이나 면은 파면인 것이다. 그래서 각 파원에서 진행하는 파의 위상이 같은 점을 연결하면 새로운 파면이 만들어진다.

이러한 하위헌스의 원리는 파장이 무엇인가에 대한 물리학적 사실을 전부 이해하지 않더라도, 기하학만으로 파동의 움직임을 설명할 수 있다는 이점이 있다. 물론 하위헌스의 원리는 빛뿐만 아니라 모든 물질이 갖고 있는 파동적 성질을 설명하기에 편리했다. 그러나 이 원리는 당시 명성을 누리고 있던 뉴턴의 이론과 상충된다는 이유로 거의 100년이 넘도록 이론으로 정립되지 못했다.

당시 뉴턴은 빛을 미세한 입자, 또는 '미립자가 모여 흐르는 강물 같은 것' 이라고 생각했다. 이 미립자는 당구공이 당구대의 쿠션에서 튕겨 나갈 때와 같은 방식으로 반사면에서 튀어 나가는 모습과 같은 운동을 했다. 빛을 입자

로 설명하는 뉴턴의 입자설은 18세기를 비롯해 거의 100년 이상 지속되었지만 뉴턴도 하위헌스가 주장하는 파동설을 일부 수용하여 빛의 본성을 입자인 동시에 파동으로 보았다고 알려져 있다. 뉴턴은 렌즈를 유리판에 접촉시킨 후 빛을 쬐어 주고 현미경으로 위에서 내려다볼 때 보이는 동심원 무늬인 뉴턴의 원 무늬(Newton's Ring)를 수학적으로 분석했다. 이러한 원 무늬는 빛의 파동설을 설명할 때 사용되었다.

18세기에 지배적이었던 뉴턴의 생각은 절반은 맞았다고 할 수 있다. 하지만 19세기 초 영국의 물리학자인 영(Thomas Young, 1773~1829)이 빛이 파동의 성질을 갖고 있다는 것을 실험으로 증명하면서 파동설이 재발견되었다. 곧이어 하위헌스가 주장한 빛의 파동설은 그 명성을 되찾았다.

진공에서 기체의 성질을 찾다

현대판 〈죠스〉라고 불리는 영화 〈딥 블루 씨〉. 바다 위에 떠 있는 수상 연구소 아쿠아티카(Aquatica)에서 의료사의 새로운 장을 여는 비밀 프로젝트가 진행 중이다. 바로 지구상 동물 중 가장 영리하고 가장 빠른 상어를 이용해 인간의 손상된 뇌 조직을 재생하는 방법에 대한 연구다. 상어들의 DNA 유전인자를 조작하는 금지된 실험이 실행되고 있었던 것이다.

유전인자가 조작된 상어들은 이전보다 훨씬 더 지능이 높고 더 빠르고 훨씬 더 무서운 살상 괴물로 변해 버린다. 조사위원들이 보는 가운데 가장 큰 상어의 뇌 조직을 떼 내는 실험을 하던 중, 갑자기 마취에서 풀린 상어가 한 연구원의 팔을 물어뜯는 사고가 발생한다. 그때부터 자신의 뇌 조직을 떼 내었던 사람들에게 무자비한 보복을 가하는 상어와 사람의 전쟁이 시작된다. 급기야 연구소는 파괴되고 바다 밑으로 가라앉을 위기에 직면한다.

유전인자가 변형된 상어가 사람들을 공격하기 시작하자 바다 한가운데 고립된 연구소에 갇힌 사람들은 상어의 공격에서 벗어나기 위해 갖은 궁리를 하기 시작한다. 누군가가 살아 남기 위해 아주 빠른 속력으로 헤 엄쳐서 올라갔지만 여지없이 상 어의 밥이 되고 만다. 수영에 조 예가 깊은 주인공이 수중 18미터 지점이니 숨을 내뱉으면서 올라 가면 된다고 말하지만 모두들 정 말 살아남을 수 있을까 하는 의심 만 하고 있다.

● 영화 〈딥 블루 씨(Deep Blue Sea)〉의 한 장면.

여기서 질문! 왜 숨을 내뱉어야 할까? 살상 괴물인 상어와의 생존을 건 사투에는 '보일의 법칙'이 숨어 있다. 수면으로 올라갈 때 압력이 낮아져, 폐 안의 공기 부피가 갑자기 팽창해 폐가 터지거나 손상을 입는 케이슨병(잠 수병)을 피하려면 숨을 내뱉어야 했던 것이다.

'어떤 주어진 온도에서 질량의 이상기체의 부피는 압력에 반비례한다.'는 보일이 법칙을 발견한 로버트 보일(Robert Boyle, 1627~1691)의 또 다른 관심 분야가 있었으니 그것이 바로 '진공'이다.

진공을 만들어라

진공은 어떻게 만들 수 있을까? 17세기에 많은 사람들은 진공 상태를 만들 기 위해 다양한 시도를 했다. 그중 독일의 물리학자 게리케(Otto von Guericke, 1602~1686)는 1645년 마그데부르크의 시장으로 선출된 후 사회적·정치적 활동을 하면서 틈틈이 공기 펌프를 발명하기 위해 노력했다. 그는 '이론에 치우친 자연과학은 아무것도 하지 못한다.'고 생각했다. 그래서 당시 활발히 진행되고 있던 진공에 대한 철학적 논쟁을 비판한 후, 오랜 노력 끝에 최초로 공기 펌프를 발명했다.

공기 펌프를 발명한 게리케는 모든 사람들에게 공기가 존재한다는 것을 알려 주기 위해 지름이 약 40센티미터되는 두 개의 반구를 사용한 '반구 실험'을 했다. 처음에 두 사람이 양쪽에서 끌어당기면 반구가 쉽게 분리되었는데, 속이 진공으로 될수록 그것이 쉽지 않았다. 끝내 한쪽에 여덟 필씩 모두 열여섯 필의 말이 끌어당겼는데도 반구는 분리되지 않았다. 이 실험에 대한 이야기는 여러 나라로 전해져 많은 사람들 사이에 화젯거리가 되었다.

1654년 이 실험에 큰 관심을 보인 사람이 있었으니 '보일의 법칙'으로 유명한 보일이다. 당시 보일은 프랑스와 이탈리아 등지를 여행했고 갈릴레이의 저서를 읽으며 새로운 형태의 과학에 눈을 떴다. 1644년에 영국으로 돌아온 보일은 근대과학에 관심 있는 사람들을 만나 사교의 폭을 넓히다가 1646년에 아마추어 과학자 그룹인 '보이지 않는 대학'에 가담했다. 보일은 이 모임에서 "자연과학은 인간 생활에 유용해야 한다."고 주장한 베이컨의 과학을 배우고 자연과학의 유용성에 눈을 떴다.

보일은 유용성 차원에서 의학이나 농업 혹은 과학과 같은 실제적인 문제에 관심을 가졌다. 그는 스무 살이 되던 해인 1647년에 연금술은 금을 만들기 위한 목적이 아니라 의료 수단으로 이용

◉ 로버트 보일.

해야 한다는 생각을 담은 의화학 서적『독약을 의약으로 변화시키는 일에 대하여』를 저술했다. 다양한 분야에 관심이 많던 보일은 곧 화학 자체에 관심을 갖게 되었고 유능한 화학 실험가이자 독창적인 화학 이론가로서 해야 일들을 하나하나 시도하기 시작했다.

보일은 1654년에 보이지 않는 대학의 지부가 런던에 세워지자 그곳에 정착한 후, 자기 집에 실험실을 설치하고 조수로 고용한 로버트 훅(Robert Hooke, 1635~1703)과 본격적인 과학 연구를 시작했다. 훅은 공기 펌프를 만들었을 뿐만 아니라 많은 실험 도구들을 제작했다. 게리케가 공기 펌프를 발명했다는 소식을 전해 들은 보일은 그 기구의 과학적 잠재성을 인식하고 훅에게 공기 펌프를 만들도록 지시했다. 훅이 만든 공기 펌프는 성능이 탁월했고 보일은 이 공기 펌프로 진공에 관한 실험에 착수했다.

보일은 이 실험에서 '진공의 존재 여부'를 증명하는 데 집중했다. 그것은

당시 아리스토텔레스의 주장에 따라 사람들 사이에 널리 퍼져 있던 '진공은 존재하지 않는다.'는 주장과 반대되는 것이었다. 보일은 공기 펌프로 진공의 존재를 보일 수 있다고 주장했고, 이를 증명하기 위해 새로운 기구를 고안했으며 그 기구로 실험한 결과를 이끌어 냈다. 이처럼 보일은 평생 끊임없이 실험을 하며 실험의 중요성을 강조했고, 그 결과들을 이론으로 발표했다.

압력과 부피는 어떤 관계일까

보일은 모든 물질을 형상과 질료로 설명하는 아리스토텔레스주의와 달리 물질의 입자론(粒子論)으로 화학반응이 어떻게 일어나는지 설명하고자 했다. 당시 베이컨이나 데카르트 철학의 영향으로 기계적 철학(mechanical philosophy)이 널리 수용되고 있었는데, 보일도 그 영향으로 수많은 실험을 통해 기계적 철학의 타당성을 주장했다. 실험을 구체적으로 서술한 보일의 주장은 매우 설득력이 있었다. 그뿐만 아니라 그의 주장은 물리학과 화학의 여러 분야에 실험과학을 성립하는 데 중요한 역할을 했다.

보일은 1662년 왕립학회에 오늘날 '보일의 법칙'이라고 알려진 이론의 내용을 담은 「공기의 탄성과 무게에 관한 새로운 연구」라는 논문을 발표했다. 보일은 수은이 공기를 압축시키는 힘을 이용하여 기체의 특성을 분석했다. 실험 과정을 살펴보면, 먼저 한쪽 끝을 닫은 유리관을 'J'자 모양으로 구부린 후, 양쪽 유리관의 높이가 같아질 때까지 수은을 넣는다. 그러면 막힌 유리관에 공기가 모인다. 이후 열린 유리관에 수은을 넣으면, 수은의 무게가 반대쪽 유리관의 공기를 압축시키고, 그 압력으로 닫힌 쪽 유리관에 들어 있는 공기가 처음 공간의 절반이 된다. 즉 닫힌 쪽 유리관의 공기 부피가 12에서 6으로 절반이 될 때, 공기는 두 배의 압력을 받는 것이다. 이것이 바로 '보일의 법칙'이다.

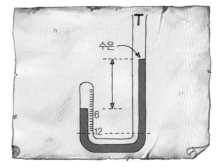
◉ '보일의 법칙' 실험 과정.

'보일의 법칙'과 함께 자주 언급되는 것이 '샤를의 법칙'이다. 프랑스 물리학자 샤를(Jacques charles, 1746~1823)이 1787년에 발견한 이 법칙은 '기체 팽창의 법칙'이라고 불리기도 하는데, 일정한 압력에서 기체의 부피는 그 종류에 관계없이 절대온도에 정비례하여 증가한다는 법칙이다. 즉, 압력이 일정할 때 기체의 부피는 종류에 관계없이 온도가 1℃ 올라갈 때마다 0℃일 때 부피의 1/273씩 증가한다는 것이다. 이 '샤를의 법칙'과 '보일의 법칙'이 결합한 것이 '보일-샤를의 법칙'이다.

한편 보일은 생전에 1만 4,000페이지에 이르는 방대한 원고를 남겼는데, 그 원고에 대한 해석은 각양각색이다. 보일이 기계적 철학에 기초한 실험 과학을 도입해 화학 발전에 크게 기여했다는 주장이 있는 반면, 신학자이자 수사학자이며 연금술사였던 보일의 자연철학은 신학의 영향을 많이 받았다는 시각도 있다. 즉, 보일이 강조한 입자 운동의 중심에는 신이 있고, 보일의 물질이론은 신이 어떻게 세계를 디자인했는지를 잘 보여 준다는 것이다.

이러한 다양한 시각 속에서 우리가 간과하지 말아야 할 것은 보일이 자신에게 쏟아지는 비난을 증명하기 위해 수많은 실험을 했고, 그 실험들을 통해 '왜 화학반응이 일어나는가?'에서 '어떻게 화학반응이 일어나는가?'로 사고 방식의 전환을 이끄는 데 중요한 역할을 했다는 사실이다.

인체의 신비를 벗겨 내다

영화 〈할로우 맨〉에서 천재적인 젊은 과학자 세바스티안 케인은 미국 국방부의 보조를 받는 연구팀의 리더로서 동료들과 함께 사람을 투명하게 만드는 기술을 개발한다. 연구팀은 이 사실을 숨긴 채 고릴라를 대상으로 실험을 시도하여 성공한다. 이후 그들은 '과연 인간에게 적용해도 성공할까?' 라는 의문을 갖기 시작했다. 이에 대한 답을 얻기 위해 케인이 실험 대상을 자청한다.

케인은 동료들이 지켜보는 가운데 아주 서서히 투명인간으로 변해 간다. 처음에 피부가 사라져 근육과 내장이 그대로 드러나고 그 다음에 뼈만 보이다가 결국 그것마저도 완전히 사라져 버린다. 특수효과를 이용하여 피부와 내장들이 서서히 사라지는 장면은 마치 해부학 실습 시간을 연상시켜 사람들의 시선을 사로잡는다.

케인에게 투약한 이 신비한 약은 정맥을 타고 흘러 심장에 닿고, 모세혈관을 타고 다시 온몸으로 퍼진다. 과학적으로 보면 이 약의 효과가 가장 먼저 나타나는 곳은 바로 혈관이 관통하는 심장과 주요 장기 부분, 그리고 모세혈관으로 연결된 피부다. 그렇다면 심장이 가장 먼저 사라지고, 피부는 가장 나중에 사라져야 하는 것이 옳다.

그런데 영화 속 장면은 그렇지 않다. 모두들 영화 속 장면은 잘못되

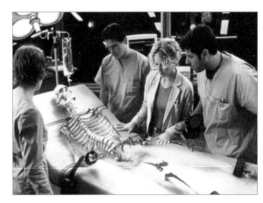

◉ 영화 〈할로우 맨(The Hollow Man)〉의 한 장면.

었다고 자신 있게 말할 수 있지만, 실제 우리 몸속에서 피가 어떻게 흐르는지 되묻는다면 대답하기는 어렵다. 우리들의 눈을 현혹했던 영화 속 세계를 벗어나 실제 살아 있는 인체에서 혈액이 어떻게 흐르고 있는지, 그것은 어떻게 발견되었는지 살펴보자.

인체의 구조를 분석하다

의학의 가장 기본이 되는 해부학은 인체의 구조가 어떤 모습인지 밝히는 학문이다. 인체의 구조를 제대로 알지 못하면 사람이 어떻게 병에 걸리고, 그것을 어떻게 고칠지 제대로 알기 어렵기 때문에, 사람들은 시체를 대상으로 인체 해부를 시도했다. 이러한 해부의 역사는 고대로 거슬러 올라가지만 처음부터 해부가 법적으로 허용되었던 것은 아니다.

17세기 무렵까지 의사들이 인체에 대해 알고 있던 내용들은 거의 갈레노스(Claudios Galenos, 129~199)의 책과 레오나르도 다 빈치의 데생에서 비롯된

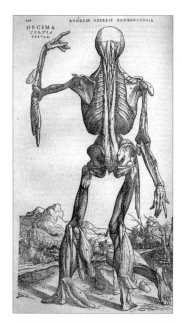

● 베살리우스의 『인체의 구조에 대하여』에
  나오는 뼈대, 내장, 근육 등 인체 해부도들
  중 일부.

것들이었다. 이후 벨기에 출신 의사인 베살리우스 (Andreas Vesalius, 1514~1564)가 1543년에 『인체의 구조에 대하여』라는 해부학 입문서를 내면서 당시까지 잘못 알려져 있던 사실들이 정확하게 알려지기 시작했다. 그의 책은 뼈대, 내장, 근육 등 인체의 구조를 다른 책보다 자세하게 기술했고 이후 살아 있는 사람에 대한 해부학 지식도 늘어날 것이라고 기대했다. 그러나 베살리우스의 해부는 시체를 대상으로 이루어졌기 때문에 정작 살아 있는 사람들에게 필요한 지식은 얻을 수가 없었다.

죽은 사람과 산 사람은 호흡이나 음식물의 소화, 혹은 혈액순환 등 여러 가지 면에서 차이가 있었다. 예를 들어 당시 산 사람의 몸에서 혈액이 어디에서 생겨서 어떻게 혈관 속을 흐르는지는 알려지지 않았다. 갈레노스는 바바리 원숭이를 비롯해 여러 동물들을 해부한 후 "피가 심장에서 알 수 없는 힘에 의해 온몸으로 퍼진 다음에 몸의 각 부분에 영양을 공급하고 사라진다."고 주장했다. 그러나 살아 있는 사람의 몸속에서 혈액이 흐르는 모습은 죽은 사람의 몸속에서 흐르는 모습 혹은 다른 동물의 몸속에서 흐르는 모습과 달랐다. 결국 '인체의 각 부분이 어떠한 작용을 하며 서로 어떻게 연관되어 있는지 연구하는 분야'인 생리학에 대한 연구가 절실해졌다.

이 문제를 더 자세히 연구한 사람이 있었으니 바로 17세기 초에 활동한 해부학자이자 의사인 윌리엄 하비(William Harvey, 1578~1657)다. 하비는 1600년부터 1602년까지 유럽 최고의 의학 교육 수준을 자랑하던 이탈리아의 파도바

대학에서 공부했다. 당시 베살리우스가 해부학을
강의했던 파도바 대학은 베살리우스의 학문을 계승
한 해부학자들을 여러 명 배출했고 임상 관찰과 실
습을 교육 과정에 포함시켜 해부학에서 최고의 권
위를 자랑하는 명문이었다. 더욱이 당시 파도바 대
학의 해부학자들은 갈레노스의 해부학 방법들을 더
욱 정교하게 발전시켜 인체 해부의 기술만큼은 유
럽에서 가장 뛰어났다고 할 수 있다. 하비는 이러한
배경 덕분에 인체 해부에 대한 안목을 키울 수 있었
고, 특히 해부학 실습실에서 동물의 생체 및 시체

● 윌리엄 하비.

해부를 자주 접하며 살아 있는 심장이 어떻게 박동하는지에 대해 의문을 갖기
시작했다.

혈액순환의 원리를 찾아라

공부를 마치고 런던으로 돌아온 하비는 사회적으로나 경제적으로 안정된
생활을 누리면서 수많은 해부 활동에 참여했다. 하비는 벌레, 곤충, 어류, 개
등을 포함한 40여 종의 동물 혈관들을 조사하고 연구했고 마침내 1628년 라
틴 어로 쓰이고 17장으로 나뉜 72쪽 분량의 저서 『동물의 심장과 혈액의 운
동에 관한 해부학적 연구』를 출간했다. 하비는 '잔인한 생체 실험가'라는 별
명을 얻을 정도로 온갖 동물들을 해부했는데, 기존 학설과 상반되는 자신의
주장을 뒷받침하기 위해 주로 냉혈동물을 대상으로 삼았다. 양이나 사슴, 돼

지와 같은 온혈동물의 심장은 너무 빠르게 뛰어 관찰하기 어려웠지만, 뱀이나 뱀장어 같은 냉혈동물의 심장은 온혈동물의 심장보다 느리게 뛰었기 때문이다.

하비는 심장과 연결된 혈관들의 운동을 순환운동으로 설명했다.

"동물의 몸속에 있는 혈액은 끊임없이 돌고 도는 순환운동을 하고 있다. 이 순환운동은 심장의 박동에 의한 것이며, 심장의 박동운동이 바로 심장이 존재하는 이유다."

또한 혈액은 한 방향으로 이동하고 소멸하는 것이 아니라 심장에서 흘러나와 몸의 모든 기관을 순환한다고 주장했다. 이러한 주장은 심장과 혈액의 운동에 관한 갈레노스 체계의 모순을 지적한 것이었다.

새로운 시각이 만들어 낸 발견

하비는 혈액순환설을 뒷받침하기 위해 '심장이 뛸 때마다 심장에서 나가는 피의 양, 혹은 정맥에서 심장으로 들어와야 하는 피의 양이 얼마나 될지에 대해 어림셈을 하는' 실험 틀을 제시했다. 17세기의 기술과 지식 그리고 방법들을 고려하면 혈액의 빠른 흐름, 심장 고유의 기능과 움직임에 대한 하비의 발견은 놀라운 것이었다.

하비는 자신의 책에서 맥박이 한 번 뛸 때마다 방출되는 피의 양을 최소 7그램 정도로 가정하고, 인간의 심장이 30분에 1,000번(1분에 33번), 때로는 2,000번(1분에 67번), 3,000번(1분에 100번), 4,000번(1분에 133번)까지 뛴다고 추정했다. 맥박이 30분에 1,000번 정도 뛴다고 했을 때, 30분 동안에 방출되는 피의 양은 7그램×1,000맥박=7킬로그램이었고, 1시간에 14킬로그램 정도, 하루에 300킬로그램이 넘는 양의 피가 방출되는 셈이었다.

그러나 일정한 시간에 사람 몸무게의 몇 배가 되는 많은 양의 피가 매일 새로 생성된 후 신체 말단으로 한 번 이동하고 소멸된다는 것은 너무나 터무니없는 생각이었다. 그에 따라 하비는 혈액이 생성과 소비를 계속 반복하는 것이 아니라 내부에 보존된다는 해석, 즉 "심장에서 나간 혈액이 온몸을 순환한 후 정맥을 거쳐 다시 심장으로 돌아간다."는 '혈액순환'을 생각하게 되었다.

하비가 파도바 대학에서 공부하고 있을 무렵, 갈릴레이는 실험의 중요성을 강조했고 지구가 중심이 아니라는 코페르니쿠스의 이론을 지지했으며, 케플러는 관측 기록에 근거하여 행성의 운동을 설명하는 일련의 법칙을 정리했다. 천문학에서 이러한 변화는 천문학자와 물리학자는 물론이고 모든 분야의 과학자들에게 미지의 영역을 바라보는 새로운 시각을 제시했다. 그러한 세상의 변화와 새로운 시각에 많은 영향을 받은 하비도 혈액의 순환이라는 중요한 발견을 하여 오늘날에 '생명체를 대상으로 실험을 한 최초의 과학자'로 불리고 있다.

윌리엄 하비의 혈액순환 실험

하비의 실험 중 가장 의미 있고 유명한 것은 혈류의 방향을 보여 주기 위해 정해진 위치에서 실로 혈관을 묶는 결찰사(혈관이나 몸의 일부를 묶기 위한 실) 실험이다. 결찰사를 단단히 조이면 팔로 들어오고 나가는 모든 피의 흐름을 거의 차단할 수 있었다. 동맥은 정맥보다 몸속 깊은 곳에 있기 때문에 결찰사를 느슨하게 풀어 주면 몸의 깊은 곳에 있는 동맥을 통해 피가 계속 흐르지만, 몸의 얕은 곳에 있는 정맥을 통해서는 피가 흐르지 않는다는 것이었다.

하비는 직접 자신의 팔을 사용해 일상적으로 경험했던 것에 기초하여 단계적으로 실험을 했다. 먼저 결찰사를 살짝 조이면 정맥으로 흐르는 피가 차단되고, 동맥에서 계속 피가 흐른다. 또한 정맥은 부풀어 오르지만 맥박은 계속 뛴다. 다음에 더 단단히 동여매면, 결찰사가 정맥과 동맥을 모두 압박하여 팔로 들어오고 나가는 정맥과 동맥을 동시에 차단한다. 이때 팔은 점점 차가워지고 동맥은 피로 가득 차지만 정맥은 부풀어 오르지 않고 맥박도 뛰지 않는다.

그 다음으로 결찰사를 느슨하게 풀면, 몸의 깊숙한 곳에 있는 동맥을 통해 피가 빨리 흐르지만 몸의 얕은 곳에 있는 정맥에는 피가 흐르지 않는다. 그 때문에 팔이 따뜻해지고 손이 자줏빛을 띠면서 정맥이 부풀어 오르고 팽창한다. 마지막으로 결찰사를 완전히 풀면, 정맥을 통해 피가 자유롭게 통하면서 팔이 본래의 모습으로 되돌아간다.

하비는 생체 해부를 하지 않고도 새로운 사실을 증명했다. 하비는 몸의 기본 요소들이 혈액순환을 위해 서로 협력한다는 생각에서 피가 몸 전체에서 어떤 방향으로 순환하는지 알아보는 실험을 했다. 실험 결과는 '혈액이 동맥을 통해 몸의 끝부분으로 갔다가 정맥을 통해 심장으로 다시 돌아온다.'는 것이었다.

또한 하비는 정맥은 피가 오로지 심장 쪽으로 흐르도록 한다는 것을 증명하기 위해 정맥의 판막에 대해 고찰했다. 하비는 '판막'이라고 불리는 '작은 문'이 팔과 다리의 정맥뿐만 아니라 기능이 필요 없는 목의 정맥에서 발견된다고 주장한 후, 해부를 통해 "이 문들은 한쪽으로만 열리고 피가 흐르는 속도가 아니라 방향을 통제한다."는 사실을 입증했다.

하비는 신체의 각 부분이 필요한 것을 끌어당기는 흡인의 원리를 주장하는 대신에 '심장의 힘이 피를 온몸으로 밀어낸다'는 정반대의 원리를 주장했다.

"심장은 하나의 근육이며, 심장 자체가 단단해지면서 수축될 때 동맥과 심실의 체적이 줄어들면서 피를 동맥으로 내보낸다. 만약 혈관이 회로를 이루고 그 속으로 피가 순환하지 않는다면, 사람의 몸속에 있는 피가 어디로 가는지 설명할 수 없다."

그는 심장이 근육처럼 수축하며 수축할 때 동맥이 확장하면서 그 힘으로 온몸으로 혈액이 순환한다고 주장했다. 하비가 새로운 이론을 주장한 후 그 이론이 수용될 때까지 심장의 어떤 동작이 수축에 해당되고 어떤 동작이 팽창에 해당하는지, 그리고 수축과 팽창 중 어느 때가 활동기와 휴식기에 해당하는지에 대한 뜨거운 논쟁이 계속되었다.

눈에 보이지 않는 세계를 보다

1898년 출판된 허버트 조지 웰스의 소설 『우주전쟁』은 미지의 존재의 출현으로 발생하는 공포에 대해 다루었다. 1953년에 조지 팔이 이 소설을 영화화하여 오스카에서 특수효과상을 받은 후에, 52년 만에 스필버그 감독이 영화 〈우주전쟁〉을 다시 제작했다.

커다랗고 다리가 셋 달린 정체불명의 괴물인 트라이포드가 깊은 땅속에서 나타나자 사람들은 놀라 허둥댄다. 어떻게 막아야 할지도 모르는 사람들은 모든 것이 재로 변하는 것을 속수무책으로 바라보고 있을 뿐이다. 갑자기 등장한 외계인의 공격으로 지구인의 평범했던 하루는 무참히 짓밟히고 악몽 같은 날들이 계속된다.

영화 〈우주전쟁〉 속의 지구인에게는 '아, 정말 끝이로구나!' 하는 무력감과 공포감만 있을 뿐이다. 희망이 사라진 사람들을 구하기 위해 나타나는 의로운 영웅조차 없다. 사람들은 본능에 따라 무자비한 적들을 피하기에 바쁠 뿐이다. 그러나 적의 손아귀에서 벗어나야 한다는 일념만으로 헤메던 인간들

은 어디에서도 안전한 피난처를 찾
지 못한다.

그러나 막강한 기술력을 가진 외
계인도, 대전차포에 맞아 휘청거리
는 트라이포드도 병에 걸려 맥을 못
추고 결국 스스로 죽고 만다. 바로
'지구에 존재하는 미생물' 때문이
다. 순간 너무 허무하다는 탄성이
나오지만, 미생물의 힘이 얼마나 거
대한지 똑똑히 볼 수 있는 장면이다.

◉ 지구인이 무력감과 공포에 휩싸여 있을 때 나타난 구세주, '자연에
존재하는 미생물'. 영화 〈우주전쟁(War Of The World's)〉.

생물학 발전의 초석, 현미경

17세기에는 망원경, 현미경, 온도계, 습도계, 기압계, 공기 펌프 등 여러 가
지 편리한 도구들이 잇따라 발명되었다. 사람들이 이러한 도구들을 이용하여
정확한 관찰과 더 구체화된 실험을 하면서 새로운 형태의 과학이 발전하게
되었다. 그 가운데 현미경이 발명되고 개량되면서 미생물 연구에 박차가 가
해졌다.

1590년 네덜란드에서 최초로 현미경이 발명된 이후로 생물학자들도 이 도
구에 관심을 갖기 시작했다. 천문학자들이 망원경으로 멀리 있는 행성들을
가깝게 보았다면, 생물학자들은 현미경으로 아주 가까이 있는 작은 물체를
확대하여 보았다. 초보적인 수준이지만 현미경이 발명되면서 그 크기가 미세

하여 거의 주의를 기울이지 않았던 생물의 영역까지 관심이 확대되었다.

1650년 이후 반세기 동안 여러 나라에서 현미경이 제작되어 생물학 연구에 이용되었는데, 대표적인 학자로 모세혈관을 발견한 말피기(Marcello Malpighi, 1628~1694)가 있다. 1628년에 하비는 혈액순환을 주장했으나, 동맥과 정맥을 이어 주는 것이 무엇인지에 대한 답을 찾지 못했다. 그 답을 현미경으로 확인한 사람이 바로 말피기다. 말피기가 모세혈관의 존재를 발견하면서 근대 의학은 더 크게 발전했다.

현미경의 시대를 활짝 열어 준 사람은 네덜란드의 현미경학자인 안톤 반 레벤후크(Anton van Leeuwenhoek, 1632~1723)다. 레벤후크는 과학에 대한 정식 교육을 받지 않았고 상업에 종사하면서 틈틈이 렌즈 연마술, 금속 세공술 등을 익혔다. 이후 그는 유리를 정교하게 갈고 닦아 좋은 렌즈를 만들고 그 렌즈를 이용하여 현미경을 제작했다.

레벤후크가 처음 제작한 현미경은 양면 볼록렌즈를 이용한 160배율의 간단한 현미경이었다. 당시 형편없이 낮은 배율과 일그러진 상을 보여 주는 현미경으로는 자연을 제대로 관찰하기가 어려웠다. 이 사실을 잘 알고 있던 레벤후크는 1660년경에 자신이 직접 만든 현미경 중에서 가장 뛰어난 270배율을 가진 현미경을 제작했다. 그 외에도 레벤후크는 평생 수많은 렌즈를 만들었는데 알려진 것만도 419개에 이르고, 그 가운데 지름이 5밀리미터도 안 되는 작은 것도 많았다고 한다. 물론 레벤후크는 이 현미경으로 맨눈으로 볼 수 없

◉ 안톤 반 레벤후크.

는 미생물의 세계를 엿보았다.

고대 그리스 이후로 생물은 축축한 진흙에서 햇빛이 비칠 때 우연히 발생한다는 자연발생설에 대한 믿음 때문에, 너무 작아서 육안으로 볼 수 없는 생명체의 존재는 알려져 있지 않았다. 단지 작은 곤충이 가장 작은 생명체라고 믿었다. 그러던 차에 레벤후크가 미지의 분야에 대한 호기심으로 관찰한 웅덩이에 고인 물방울에서 맨눈으로는 볼 수 없는 작은 생명체를 발견했다. 사람들은 레벤후크의 발견을 매우 신기해했고, 이후 작은 물방울 하나에도 '독자적인 세계'가 있다고 생각했다.

레벤후크는 무려 20여 년에 걸쳐 새로운 세상을 관찰한 후 델프트의 한 내과 의사에게 자신의 연구 결과를 보여 주었다. 내과 의사는 그 연구 결과에 매우 놀라며 1673년경 왕립학회에서 레벤후크가 자신의 발견을 발표하도록 주선했다. 당시 왕립학회는 '상식과 진실성을 갖춘 사람'이면 누구나 과학회

원으로 인정했기 때문에 왕립학회에서 레벤후크의 발표가 성사될 수 있었다. 이후 레벤후크는 「레벤후크 씨가 만든 현미경으로 관찰한 것: 곰팡이, 피부, 살, 벌의 침 따위」라는 다소 우스꽝스러운 제목을 가진 논문을 발표했다.

레벤후크는 자신이 관찰한 자연의 경이, 즉 원생동물, 미생물 등의 존재를 발표했고 왕립학회는 레벤후크에게 지속적으로 연구하여 결과를 발표하도록 요청했다. 이후 레벤후크는 거의 15년 동안 현미경을 이용하여 관찰한 미생물의 세계를 학회의 회보에 소개했고, 그 결과 육안으로 볼 수 없는 생물이 이 세상에 존재한다는 사실이 널리 알려졌다.

미세한 생물의 세계, 마이크로피아

레벤후크는 현미경을 통해 세상 어디에나 수많은 생물들이 살고 있다는 것을 발견했고, 그 발견을 자세히 기록했다. 레벤후크는 한 글에서 다음과 같이 말했다.

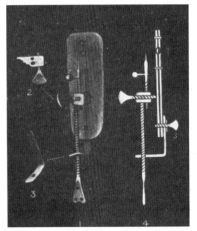

● 레벤후크가 처음으로 만든 현미경. 「레벤후크 씨가 만든 현미경으로 관찰한 것: 곰팡이, 피부, 살, 벌의 침 따위」라는 논문에 관찰 결과가 수록되었다.

"1675년 9월이 반쯤 지났을 때 나는 빗속에서 살아 있는 미생물을 보았다. 그것은 죽은 듯 움직이지 않았으나 새 욕조에 넣은 지 며칠이 지나자 욕조 물이 푸른색으로 변했다. 그것을 보니 나는 그 물을 좀 더 자세히 관찰하고 싶어졌다. 특히 이 작은 생물들이 나에게 육안으로 물속에서 살아 움직이는 것으로 보이는 미세동물보다 수천 배나 더 작아 보였기 때문이다."

특히 그는 "제일 작은 동물은 큰 이의 눈보다 1,000배가량 작다."라고 말하며 그 생물들이 얼마나 작은지 설명했다. 오늘날 원생동물이라고 알려져 있는 단세포동물에 대해서는 다음과 같이 말했다.

"이것들 가운데 아주 작은 미세동물들이 많았다. 그중 어떤 것들은 둥근 편이고 어떤 것들은 약간 크고 타원형으로 생겼다. 이 타원형 미세동물은 머리 부근에 두 개의 작은 다리가 달려 있고, 몸 뒤쪽 끝에 두 개의 지느러미가 붙어 있다."

이는 레벤후크가 작은 미생물을 보기 위해 수많은 실험과 검증 과정을 거쳤다는 것을 말해 준다.

그는 자신의 눈으로 본 것과 당시 알려져 있던 이론이 다르다는 사실을 깨달은 후 자신이 본 것만을 믿기 시작했다. 1675년에는 침에서 막대 모양의 세균을, 신경 섬유에서 가로무늬근을 발견했고, 올챙이의 몸에서 혈구와 혈액이 순환하는 놀라운 광경을 확인했다. 또한 생식의 신비에 매료되어 여러 식물의 씨앗과 개구리, 개, 벼룩과 같은 주변 동물의 생식기를 해부하여 많은 미생물의 생활 주기를 발견했다.

그 결과 레벤후크는 생명체는 하나의 물질로 이루어진 큰 덩어리가 아니라 수없이 많은 미세한 구성요소로 이루어져 있다는 것을 알게 되었다. 물방울에 맨눈으로 볼 수 없는 미생물들이 우글거리고 있는 것처럼, 자연의 세계는 철학자들이 생각했던 것보다 훨씬 복잡한 것들이 존재했다.

레벤후크는 평범한 교육을 받았기 때문에 당시에 나온 과학서적을 읽을 기회가 거의 없었다고 한다. 그러나 그는 자연을 이해하려는 강한 욕구, 자신이 만든 우수한 현미경, 예리한 직관력과 관찰력 덕분에 어느 과학자도 하기 어려운 일을 했다.

1695년에서 1719년 사이에 수많은 그림과 그에 관한 설명을 포함한 『현미경으로 밝혀진 자연의 비밀』이라는 네 권에 이르는 방대한 분량의 책을 출판한 것이다. 레벤후크는 이 책을 통해 이전에 알려지지 않았던 새로운 세계인 미생물의 세계를 알렸을 뿐만 아니라 미생물학의 개척에 중요한 역할을 했다. 그 덕분에 레벤후크는 '미생물학의 아버지'로 불리고 있다.

프리즘으로 색의 신비를 비추다

1940년대 최고의 수학자들이 모이는 프린스턴 대학원. 그곳에 한 천재가 영국식의 진회색 석조 건물을 사이에 두고 배회하고 있다. 내성적이지만 오만할 정도로 자기 확신에 차 있는 괴짜이자 수학과 새내기 존 내시(John Forbes Nash Jr.)다. 영화 〈뷰티풀 마인드〉는 바로 존 내시의 실제 이야기를 다루고 있다.

천재적인 두뇌와 수려한 용모를 지닌 내시는 기숙사 유리창을 노트 삼아 단 수학 문제에 매달리고 있다. 바로 자신만의 '오리지널 아이디어'를 찾기 위해서다. 이윽고 스무 살이라는 나이에 섬광 같은 직관으로 마름모꼴의 마주 보는 양쪽 테두리를 잇는 게임인 내시게임을 만들어 자신의 천재성을 처음으로 입증한다. 이후 게임이론에 관한 균형이론의 단서를 발견하여 27쪽짜리 논문을 발표(내시의 이론)하여 학계의 스타로 떠오른다.

내시는 사랑하는 여인 알리시아에게 다이아몬드를 생일 선물로 주며 조각 안쪽으로 빛이 들어갔다가 빠져나올 때 총천연색으로 보인다고 말한다. 찬란

● 영화 〈뷰티풀 마인드(A Beautiful Mind)〉.

한 광택을 자랑하는 다이아몬드는 희소성이나 아름다운 빛깔 때문에 보석 중의 보석으로 알려져 있다. 다이아몬드 속으로 들어간 빛이 전반사되어 나오면서 불꽃같이 화려한 빛을 내기 때문에, 프리즘이 내는 빛처럼 다이아몬드가 내는 빛은 여인들의 마음을 사로잡는다. 아름다운 빛을 자랑하는 빛의 세계로 들어가 보자.

사과는 왜 빨간색일까

18세기 프랑스의 문필가 볼테르는 인류 역사상 가장 위대한 과학자로 꼽히는 뉴턴에 대해 다음과 같이 찬사를 보냈다.

"인류는 모두 장님이었다. 케플러에 의해 인류는 처음으로 한쪽 눈을 뜨게 되었고 뉴턴에 의해 인류는 비로소 두 눈을 뜨게 되었다."

인류 역사상 그 누구도 도달하지 못할 정도로 위대한 업적을 남긴 뉴턴은 프리즘을 통과해서 나온 무지개 색을 보고 새로운 사실들을 발견했다.

아이작 뉴턴은 1665년에서 1666년까지 런던에 페스트가 크게 유행하자 고향으로 내려가 실험과 사색을 하며 나날을 보냈다. 그 무렵 뉴턴은 갈릴레이의 역학, 케플러의 광학과 천문학, 데카르트의 기계적 철학 및 광학과 기하학에 관한 책을 읽은 후, 각 이론들과 자신의 생각을 비교하고 검토했다. 일명 '창조의 18개월'이라고 불리는 이 기간 동안 뉴턴은 운동의 법칙, 만유인력의 법칙, 미적분, 혜성의 궤도, 빛의 성질 등 평생에 걸쳐 연구할 것들을 고민했다고 한다.

당시 뉴턴의 관심을 끈 것은 바로 '빛' 이었
다. 뉴턴은 광학 강의를 듣는 한편 아리스토텔
레스, 보일, 데카르트 등 대가들의 서적을 섭렵
하면서 광학에 대한 견해의 폭을 넓혀 나갔다.
뉴턴만이 빛에 대해 관심을 가졌던 것은 아니
다. 당시 태양광선이 유리 프리즘을 통과할 때
여러 가지 빛깔이 만들어진다는 것은 널리 알
려진 사실이었다. 빛에 대한 많은 이론 중에서
아리스토텔레스의 색깔 이론과 보일, 후크, 데

◉ '빛' 에 관심이 많아 대가들의 어려운 책들을 섭
렵한 후 프리즘의 원리를 설명한 뉴턴.

카르트 등이 주장한 색깔 이론이 널리 수용되고 있었다.

아리스토텔레스는 색깔을 빛의 유무에 상관없이 물체 자체가 갖고 있는 고
유한 성질인 '실제 색깔' 과 빛이 없으면 물체에서 사라지는 '겉보기 색깔' 로
구분했다. 예를 들어 당시 자연 현상이나 프리즘으로 볼 수 있던 무지개는 빛
이 없는 어두운 상태에서 존재하지 않았기 때문에 겉보기 색깔에 해당한다.
또한 아리스토텔레스는 겉보기 색깔이 빛과 어둠의 혼합에 의해 만들어진다
는 '변형 이론' 을 주장했다. 즉, 햇빛 같은 백색광은 단색이고, 백색광이 변형
되어 빨강, 파랑, 노랑 등 다른 색깔이 만들어진다는 것이다.

반면 데카르트는 기계론적 철학의 영향으로 아리스토텔레스의 고유한 색
깔에 대한 견해를 따르지 않았다. 빛은 미세물질로 구성된 매질이고 직진하
는 빛이 반사나 굴절을 하면서 그 성질이 달라진다는 것이다. 예를 들어 무지
개 색깔 중 빨간색은 미세물질의 회전 경향이 증가하고 파란색은 그 반대로
미세물질의 회전 경향이 감소해 나타나는 현상이다. 뉴턴은 데카르트의 이론

을 접하면서 그의 이론에 빠져들었지만 맹목적으로 수용하기보다 여러 학자들의 저서들을 읽으면서 거리를 두고 데카르트의 이론을 바라보았다.

프리즘으로 색을 보다

당시에 태양광선이 유리 프리즘을 통과할 때 여러 가지 빛깔이 나온다는 사실은 널리 알려져 있었던 만큼, 데카르트나 보일도 모두 프리즘을 이용하여 실험을 했다. 그중 보일이나 혹은 데카르트가 고안한 실험을 약간 변형한 실험을 했다. 데카르트는 불과 몇 센티미터를 사이에 두고 프리즘과 스크린을 놓았지만 보일은 마룻바닥을 스크린으로 사용하면서 대략 120센티미터 정도의 거리를 두고 프리즘을 두었다. 또한 혹은 프리즘 대신에 물을 가득 채운 비커를 스크린에서 60센티미터 정도의 거리에 두었다. 이들은 모두 프리즘이나 그 효과를 일으키는 도구를 사용하여 빛에 대한 스펙트럼을 얻었으나 그 실험들은 뉴턴의 실험만큼 주의 깊지 못했다.

뉴턴은 프리즘 실험을 개선할수록 더 나은 결과를 얻을 수 있다는 것을 알았다. 뉴턴은 몇 년 뒤에 쓴 편지에서 당시의 상황을 이렇게 말했다.

"나는 시장에서 삼각 프리즘을 구했고 그 프리즘으로 분광 현상의 본질을 알아내려고 노력했다. 우선 나는 방을 깜깜하게 만든 후 유리창 덧문에 지름 3밀리미터 정도의 둥근 구멍을 뚫어 적당한 양의 태양광선이 들어

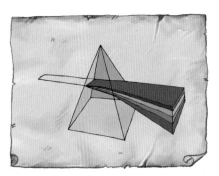

● 뉴턴의 프리즘 실험에서 나온 색

오게 한 뒤에 구멍 가까이 프리즘을 놓았다. 이후 작은 구멍을 통해 태양광선이 들어와 방의 반대쪽 벽 위에 줄지어 늘어선 선명한 빛깔들을 보니 그렇게 즐거울 수가 없었다."

실험 프로그램의 중요성을 강조한 보일의 영향을 받은 뉴턴은 수 차례에 걸쳐서 프리즘 실험을 했다. 뉴턴은 다른 학자들과 같은 실험을 했으나 프리즘 실험에서 원하는 현상을 관찰하기 위해 몇 가지 조건들을 추가했다. 가장 중요한 조건은 빛이 퍼져 나가도록 스크린과 프리즘 사이에 충분한 거리를 확보하는 것이었다.

이후 여러 번의 실험 끝에, 뉴턴은 벽면을 스크린으로 삼아 670센티미터 거리를 두었을 때 제대로 된 스펙트럼을 얻을 수 있다는 결론을 얻었다. 또한 이전 실험에서 양쪽 끝 부분에서 색이 나타나는 빛의 특징만을 보았다면 새롭게 개선한 실험에서 타원형의 스펙트럼이 발견되었다.

뉴턴은 프리즘 실험과 색실 실험을 통해 나온 현상들을 보며 왜 타원형의 스펙트럼이 나오는지 등 새로운 의문을 던졌다. 당시 스넬(Willebrord van Roijen Snell, 1591~1626)이나 데카르트가 확립한 굴절 법칙에 따르면, 프리즘을 통과한 스펙트럼의 모양은 타원형이 아닌 원형이었다. 그러나 뉴턴은 백색광이 프리즘을 통과하면서 '길이가 폭의 다섯 배나 되는 길쭉한 형태의 스펙트럼(타원형 스펙트럼)이 만들어진 것'을 발견했다. 또한 색실을 이용하여 실의 반은 빨간색으로, 다른 실의 반은 파란색으로 칠한 후에 프리즘으로 그 실을 들여다보는 색실 실험에서 뉴턴은 "일직선으로 연결된 실인데도 프리즘으로 보면 빨간색과 파란색의 연결 부위가 끊어진다."는 것을 발견했다. 뉴턴은 기존에 알려진 사실과 다른 타원형의 스펙트럼 모양이나 마치 끊어진 것처럼 보이는 색실을 어떻게 해석해야 할지 의문에 빠졌다.

뉴턴은 다른 학자들이 간과한 사실들을 알아내기 위해 여러 번 반복적으로 실험을 실시한 후 그 결과들을 기록했다. 결과에 따르면 "빛이 프리즘을 통과할 때 색깔에 따라 다른 각도로 휘어진다."는 것이다. 즉, 빨간색이 가장 작게, 보라색이 가장 크게, 그리고 나머지 색은 중간 정도에서 휘어진다.

뉴턴은 "왜 서로 다른 색깔의 광선은 굴절률이 다를까?"라는 의문을 가진 후, "원래 모든 색깔의 광선이 포함되어 있는 백색광이 프리즘을 통과한 후 그 색깔들이 분리되어 긴 스펙트럼을 만드는데, 긴 스펙트럼이 만들어진 것은 각 색깔마다 휘는 정도(굴절률)가 다르기 때문에 나타나는 현상"이라고 결론지었다.

뉴턴은 광학 실험을 통해 데카르트나 아리스토텔레스가 주장했던 이론들의 모순점을 발견한 후 자신만의 고유한 이론을 세웠다. 백색광 안에 이미 모든 색깔이 존재하고, 각 색깔이 프리즘을 통과하면서 굴절률의 정도에 따라 무지개 색이 만들어진다는 것이다. 여러 학자들이 빛의 본성에 대한 물음으로 형이상학적 해답을 찾았던 것과 대조적으로, 뉴턴은 눈으로 검증할 수 있는 빛의 성질들을 실험으로 관찰하여 광학 발전에 중요한 업적을 남겼다.

번개에서 전기를 발견하다

영국의 물리학자 스티븐 그레이(Stephen Gray, 1670?~1736)는 과학과 실험에 관심이 많아서 전기적 특성이 얼마나 멀리 전달되는지에 대해 고민하곤 했다. 1730년 4월 8일 그레이는 튼튼한 나무 뼈대에 몸무게 47파운드의 개구쟁이 소년을 강한 무명 줄로 묶어 매달았다. 그 소년의 몸은 새처럼 날고 있었고, 그의 몸은 머리와 손, 그리고 발가락만 남겨 놓은 채 전기가 통하지 않는 옷감으로 덮여 있었다. 대전된 유리관이나 병이 소년의 발가락에 접촉하자 전기가 소년의 머리에서 손까지 찌릿찌릿 전해졌다.

'매달린 소년에 대한 전기 전도 실험'은 그레이의 실험 중에서 가장 독창적이고 화려했던 실험이었다. 다양한 물질을 잡고 있을 때 전기력이 전달되는 모습이 가시적으로 보였기 때문에 그 실험은 많은 사람들의 흥미를 끌었다. 이후 유럽과 일본을 비롯한 전 세계에 다양한 형태로 퍼져나가 오락용으로 재현되었고, 전기 방전이 막 죽은 사람을 소생시키는 치료 효과가 있을지 모른다는 믿음을 갖게 했다.

같은 시기 필라델피아의 벤저민 프랭클린(Benjamin Franklin, 1706~1790)은 런던의 「젠틀맨 매거진(Gentleman's Magazine)」에 스위스의 한 생물학자가 그레이의 실험을 변형하여 쓴 기사를 읽고 번개가 전기의 일종이라고 생각하여 번개를 대상으로 하는 연구에 푹 빠져들었다. 전기에 관한 새로운 역사가 시작되는 순간이었다.

보이지 않는 전기를 모아라

눈에 보이지 않는 전기나 자기의 존재는 옛날부터 알려져 있었다. 아주 멀리는 기원전 600년경 그리스 철학자 탈레스가 마고자 단추로 많이 사용되던 호박(琥珀)을 털가죽으로 비비면 마찰이 생겨 물체를 끌어당긴다는 사실을 발견했다. 이후로 일상생활에서 관찰할 수 있는 마찰 전기나 자석의 작용은 널리 알려져 있었지만 16세기 이전까지는 이러한 작용의 원리가 밝혀지지 않았다.

16세기와 17세기에 과학자들 사이에서 물체를 끌어당기는 현상에 대한 관심이 커졌다. 영국의 물리학자 윌리엄 길버트(William Gilbert, 1544~1603)는 자연에서 일어나는 현상을 관찰하고 새로운 사실을 설명하는 데 흥미를 느꼈다. 그는 호박을 비롯하여 유리, 유황, 보석류 등 갖가지 물질로 실험을 한 끝에 이것들이 '전기를 띤다'는 것을 발견했다. 이후 그는 정전기가 잘 일어나는 물질과 일어

◉ 호박, 유리, 유황, 그리고 보석류 등으로 실험한 끝에 '전기를 띤다'는 것을 발견한 윌리엄 길버트.

나지 않는 물질을 구별하여 분류했고, 자석에 관한 과학적 연구를 통하여 지구가 거대한 자석이기 때문에 자석이 북쪽을 가리킨다고 설명했다. 특히 그는 호박을 이용한 실험에서 나타난 현상을 '호박'이라는 뜻을 가진 그리스 어 '엘렉트론(electron)'에서 유래한 '일렉트릭(electric)'이라고 불렀다.

◉ 병 또는 비커의 안과 바깥쪽에 은박 또는 금속판을 붙여 놓은 전기를 저장하는 장치인 라이덴 병.

　길버트의 연구 이후, 1745년과 1746년에 정전기를 담아 둘 수 있는 라이덴 병(Leyden jar)이 발명된 것 이외에 전기와 자기에 대한 눈에 띄는 성과는 나오지 않았다. 네덜란드 라이덴 대학의 교수 뮈센브뢰크(Pieter van Musschenbroek, 1692~1761)가 고안한 라이덴 병은 병 또는 비커의 안쪽과 바깥쪽에 은박 또는 금속판을 붙여 놓은 전기를 저장하는 장치인 축전기의 일종이었다. 이 장치는 라이덴 대학에서 고안하여 여러 가지 실험을 했기 때문에 라이덴 병이라고 불리고 있고, 오늘날 전자기학을 배울 때 가장 먼저 실험이나 학습의 대상으로 쓰이고 있다.

　이 무렵까지 전기는 단지 오락용이었고 전기 놀이는 세계 곳곳에서 유행하던 놀이였다. 당시 아무나 손쉽게 라이덴 병과 정전기 발생기를 이용하여 전기 쇼크 실험을 할 수 있었던 까닭에 라이덴 병은 유럽에서 선풍적인 인기를 끌었다. 사람들은 정전기를 일으켜 머리카락이 서는 현상을 신기하게 바라보거나 전기가 저장된 라이덴 병을 사람들에게 가까이 대었을 때 화들짝 놀라는 모습을 보면서 마냥 즐거워했다.

　한 예로 프랑스 궁전에서 일렬횡대로 나란히 서 있는 180여 명의 근위병들을 서로 손잡게 한 후 충전시킨 라이덴 병을 처음에 위치한 근위병에 가까이 대자 순간적으로 전원이 공중으로 뛰어올랐다는 믿지 못할 이야기도 있다.

프랭클린의 막대기, 피뢰침의 등장

당시 라이덴 병에서 발생하는 스파크를 본 사람들은 천둥과 번개도 이와 비슷한 현상이 아닐까 생각했다. 유럽에서 멀리 떨어진 미국의 발명가 벤저민 프랭클린이 이러한 생각을 실험으로 옮기는 데 적극적이었다. 모든 물체가 전기를 가지고 있다고 믿었던 프랭클린은 '번개란 호박 등을 이용해서 발생한 마찰전기에서 볼 수 있는 것보다 단순히 규모만 큰 전기 불꽃은 아닐까?' 라는 의문을 가지고 이를 실험으로 입증하기 시작했다.

1749년 비가 오고 번개가 치던 어느 날, 프랭클린은 자연 현상인 번개의 정체를 확인하는 놀라운 실험을 했다. 그는 뾰족한 철사가 달린 연을 하늘로 띄워 올렸다. 만약 비구름이 전기를 띠고 있다면 그 전기의 일부가 연과 명주실을 타고 땅으로 흐를 것이라고 생각했던 것이다. 잠시 후 프랭클린이 미리 실에 묶어 둔 금속에 손을 대자 순간적으로 스파크가 일어났다. 비구름에 전기가 있음을 확인한 프랭클린은 연을 다시 띄워 대전시킨 후 연줄을 통하여 라이덴 병에 전기를 모았다. 프랭클린은 이 실험을 통해 번개가 전기적 현상을 띠고 있음을 증명했다.

프랭클린은 1751년에 런던 왕립학회에서 연을 이용한 번개 실험에 대한 논문을 발표했다. 프랭클린은 그의 논문에서 "비가 오고 번개가 치는 날에 긴 철봉을 들고 있으면 번개에 있는 전기 때문에 철봉을 대전시키는 것이 가능하다."고 말했다. 이 논문을 본 두 명의 프랑스인 리바르와 드 로르가 각각 독립적으로 이 실험을 실행에 옮기기도 했다.

● "번개란 호박 등의 마찰전기에서 볼 수 있는 것보다 단순히 규모만 큰 전기 불꽃은 아닌가?"라는 의문 이후 전기학자로 명성을 누린 프랭클린.

그중 1752년에 시도했던 리바르의 실험이 성공하면서 그 이야기는 파리 궁정까지 전해졌다. 과학적 호기심이 강했던 루이 15세는 프랭클린을 높이 평가했고 측근에게 재실험을 하도록 명령했다. 오늘날 프랭클린의 실험이 널리 알려진 것은 프랭클린이 직접 시도한 실험 때문이 아니라 두 프랑스 인의 재실험이 성공했기 때문이다.

프랭클린은 높이 있는 뾰족한 물체가 거의 언제나 번개에 맞는다는 사실을 확인한 후 1752년에 필라델피아의 한 마을에 '프랭클린의 막대기'라고 불리던 피뢰침을 최초로 설치했다. 당시 성직자들은 하느님의 뜻에 따라 벌을 받아도 되는 사람에게 벼락이 떨어진다고 믿었기 때문에 피뢰침 설치를 반대했다. 그러자 프랭클린은 18세기 중반까지 벼락이 대부분 교회에 떨어졌다는 말을 넌지시 건네며, 교회가 피뢰침 설치를 허락해야 한다고 이끌었다. 이후 유럽 각국은 프랭클린의 발명품인 피뢰침을 설치하여 수많은 피해를 줄일 수 있었고 그와 동시에 프랭클린은 유럽에서 전기학자로 명성을 누리게 되었다.

프랭클린의 실험 이후 번개나 벼락이 방전 작용으로 알려지면서 라이덴 병에 축전된 강력한 전기는 한층 정밀하게 연구되었다. 그중 프랑스의 공학자인 쿨롱(Charles Augustin de Coulomb, 1736~1806)은 두 전하 사이에 작용하는 전기력을 구체적이고 더 정량적으로 설명했다. 위에서 아래로 떨어지는 중력은 항상 끌어당기는 힘이지만 두 물체 사이의 전기적 힘은 끌어당기는 힘뿐만 아니라 밀어내는 힘도 존재한다는 것이다. 쿨롱은 이를 구체적으로 설명하기 위해 1785년에 금속선의 탄성과 비틀림을 연구하던 중 정밀한 비틀림 저울을 고안했다.

쿨롱은 그 기구로 전하를 띤 물체 사이에 작용하는 힘과 자석의 자극 간에 작용하는 인력과 척력을 측정한 후 수식으로 표현했다. 두 전하량의 곱에 비례하고 거리의 제곱에 반비례한다는 쿨롱의 법칙이 탄생한 순간이었다. 그의 법칙은 전하를 띤 물체들 사이에서 작용하는 전기력이 어떤 물리량의 영향을 어떻게 받는지 수학적으로 표현했다는 점에서 커다란 의의가 있다. 쿨롱의 발견 이후 전기는 정량적으로 연구할 수 있는 물리학의 한 영역으로 인정받게 되었다.

산소와 플로지스톤 사이에서 고민하다

과학 연극 〈산소〉는 산소를 발견한 라부아지에(Antoine Laurent Lavoisier, 1743~1794)와 프리스틀리(Joseph Priestley, 1733~ 1804), 셸레(Carl Wilhem Scheele, 1742~1784), 세 명의 과학자들에 대한 이야기로 과학계의 현실을 풍자하고 있다. 이 연극은 미국 스탠퍼드 대학의 칼 제라시(Carl Djerassi) 박사와 1981년 노벨화학상을 수상한 코넬 대학교 로알드 호프만(Roald Hoffman) 박사가 공동 집필했다. 이후 〈산소〉는 미국, 영국, 독일, 일본 등지에서 공연되었을 뿐만 아니라 희곡으로 출판되고 드라마로도 방송되었다.

〈산소〉는 스톡홀름의 노벨상선정위원회가 2001년 노벨상 제정 100주년을 맞아 노벨상이 제정되기 전에 공을 세운 과학자에게 '제1회 거꾸로 노벨화학상'을 수여한다는 독특한 발상에서 시작한다.

"산소의 발견으로 노벨상을 수상한다면 누가 '거꾸로 노벨화학상'을 받을 것인가!"

산소를 처음 만들었지만 공식적인 발표를 하지 않은 셸레, 셸레보다 늦게 산소를 만들었지만 그 결과를 먼저 발표한 프리스틀리, 산소의 특성을 밝힌 라부아지에, 세 과학자는 서로 자신이 먼저라고 주장한다. 이 세 사람 중 누가 이 상을 받을 수 있을까?

● 과학 연극 〈산소(Oxygen)〉.

연극은 1777년 스톡홀름 궁전의 극장처럼 보이는 무대에서 시작된다.

"폐하와 존경하는 내빈 여러분! 노벨상의 금메달은 진짜 발견자에게 수여될 것입니다. 생명의 공기! 어느 분이 가장 먼저 발견했을까요?"

이 목소리에 자신들의 입장을 설명하는 세 과학자의 목소리가 울려 퍼진다. 산소의 발견과 발표, 그리고 이해, 발견의 우선권, 우선권을 인정받기 위한 치열한 경쟁, 이 모든 것이 연극 속에 담겨 있다.

"단테가 없었다면 신곡은 없었겠지. 그러나 과학은 달라. 멘델이 없었다면 유전법칙이 나오지 않았을까? 아니지. 후세에 누구라도 발견했을 거야."

문학은 그 작가가 아니면 그 작품이 나오지 않지만, 과학적 발견은 그 과학자가 아니더라도 그 발견이 이루어진다는 것이다. 누가 거꾸로 노벨화학상을 타야 할까?

플로지스톤인가, 산소인가

지금은 물질이 탄다는 것을 연소 현상으로 쉽게 설명하지만, 물질이 타는 것이 무엇인지 고민하던 시절이 있었다. 그 시절에 많은 화학자들은 물질이

타는 것을 설명하기 위해 여러 가지 이론들을 주장했다. 물론 그 이론에는 지금 생각하면 황당한 것도 있지만 연소 현상을 설명하는 하나의 밑거름이 된 이론도 있었다.

18세기에 불에 타는 것이 무엇일까 궁금하게 생각한 독일의 화학자인 슈탈(Georg Ernst Stahl, 1660~1734)은 연소와 호흡 현상을 관찰한 후 '플로지스톤(phlogiston, '점화한다'는 뜻)'이 많이 들어 있는 물질이 불에 잘 타는 물질이라고 주장했다. 석유나 숯에 플로지스톤이 많이 들어 있다는 것이다. 그는 물질이 타면서 플로지스톤이라는 물질이 공기 중으로 빠져나가는 현상을 연소라고 보았다. 플로지스톤 이론은 물질이 타는 것을 설명하는 중요한 이론으로 100년이 넘도록 확고부동한 위치를 차지했다.

성직자이면서 과학에 흥미를 보였던 프리스틀리는 1774년 커다란 렌즈로 빛을 모아 용기 안에 있는 붉은색 산화수은을 가열했을 때 발생하는 무색의 기체를 모으는 실험을 했다. 그렇게 모은 공기 속에 촛불을 넣자 순간적으로 불길이 밝게 타올랐다(이 공기가 바로 오늘날에 잘 알려져 있는 산소다). 프리스틀리는 확인 실험에서 기체 속에서 생쥐가 힘차게 활동하는 모습을 보며 이 기체가 연소와 동물의 호흡을 가능하게 하는 보통 공기의 구성 성분 중 하나라고 생각했다.

플로지스톤 이론을 옹호했던 프리스틀리는 그 공기에 대해 이렇게 말했다.

"수은 금속재가 공기 중에 있던 플로지스톤을 흡수했고 용기에 남아 있는 공기에서 플로지스톤이 빠져나갔기 때문에 그 공기를 '플로지스톤이 빠져 나간 공기'라는 뜻에서 '탈플로지스톤'이라고 한다."

이는 플로지스톤 이론에 머무는 한계를 보였다.

당시 프리스틀리는 몰랐지만 스웨덴의 셸레도 산소를 발견했다. 셸레는 약제사 실습생으로 있는 동안 과학 공부를 한 사람으로, 프리스틀리와 마찬가지로 정식으로 화학을 공부하지 않았다. 그는 1772년에 읍살라에 있던 약국에서 여러 가지 산화물을 실험하는 도중 잘게 부순 연망간석을 황산에 녹이고 가열해 산소를 얻었다. 그는 이 기체를 '불-공기'를 뜻하는 스웨덴 어인 '엘드스루프트'라고 불렀다. 그러나 역사는 스웨덴의 한 약제사가 발견한 것을 인정해 주지 않았다.

한편 프리스틀리는 산화수은 실험을 하고 몇 주 후 라부아지에와 만났다. 오늘날 '화학의 아버지'라고 불리는 라부아지에는 법률가였지만 과학에 대한 흥미 때문에 다양한 화학 실험을 하고 있었다. 그와의 만남이 너무나 기뻤던 프리스틀리는 라부아지에에게 산화수은 실험에 대해 거침없이 이야기해 주었다. 이는 라부아지에가 프리스틀리에게 자신이 했던 실험에 대해 거의 말하지 않았던 것과 대조되는 모습이었다.

라부아지에는 그의 이야기를 듣다가 프리스틀리가 미처 생각하지 못한 새로운 현상을 발견했다. 과학사가들은 이 순간을 라부아지에가 과학사에서 확고한 위치를 차지하게 된 결정적 사건이었다고 보고 있다.

플로지스톤 설을 버려라

라부아지에는 프리스틀리와 대화를 나누던 중 프리스틀리가 찾아낸 기체가 자신이 찾고자 했던 기체라는 것을 재빠르게 알아챘다. 이후 라부아지에는 프리스틀리가 했던 실험을 그대로 반복한 후 그 실험에서 얻은 새로운 기체의 특성을 철저히 조사하고 분석했다.

라부아지에는 먼저 수은을 대상으로 실험을 실시한 후 다른 금속을 대상으로 실험했는데, 특히 주석을 이용한 실험에서 많은 성과를 거두었다. 먼저 주석을 천천히 공기 중에 연소시켜 산화주석을 만든 후 다시 분해시키는 실험을 했다. 주석이 산화되기 전후의 질량을 비교한 후, 두 물체에서 발생하는 질량의 차이를 관찰했다. 이 실험을 통해 라부아지에는 주석과 같은 금속을 가열하면 금속 안에서 플로지스톤이 달아나는 것이 아니라 공기 중의 '무엇'을 흡수해 금속보다 무거운 금속재로 바뀐다는 것을 발견했다. 즉, 산소가 더해져 질량 차이가 발생한 것이다.

라부아지에는 그 '무엇'을 그리스 어인 'oxygen(산소)'이라고 명명했다. 산소(oxygen)란 '산(酸)을 내는' 뜻의 그리스 어인 'oxys'와 '생성된다'라는 뜻

의 'gennao'를 합쳐서 '산을 만들 수 있는 물질'이라는 뜻을 갖고 있다. 1777년에 라부아지에가 산소라는 이름을 붙였을 당시 산소는 모든 산에 공통적으로 들어 있는 성분이라는 잘못된 생각이 일반적으로 수용되고 있었다. 라부아지에가 산소를 발견하면서 염산(hydrochloric acid, 염화수소(HCl) 수용액, '염화수소산'이라고도 하며 대표적인 강산이다)에 대한 잘못된 생각이 밝혀진 것처럼 산의 성질에 대한 새로운 이해가 시작되었다.

라부아지에와 프리스틀리는 동일한 물질이 타는 연소 현상 실험을 했음에도 서로 다른 결론을 얻었다. 프리스틀리는 플로지스톤을 포함하지 않은 공기를 발견했다는 사실에 너무나 고무되어 공기의 성분이나 발생 방법에 대해 구체적으로 설명하지 않았다. 반면 라부아지에는 물체의 무게와 치수를 재고 그것을 노트에 자세하게 기록했다. 사람들은 "과연 그렇게까지 정확하게 물질의 무게나 치수를 잴 필요가 있느냐?"고 의아해했지만 라부아지에는 올바른 실험과 정밀한 측정이 이루어져야 과학이 발전할 수 있다고 믿었던 까닭에 물질의 무게 측정에 심혈을 기울였다.

당시 유럽의 과학계에 플로지스톤 이론이 널리 퍼져 있던 와중에, 라부아지에는 기존에 화학적 개념을 체계적으로 비판하고 완전히 다른 방향의 연구를 진행했다. 그는 산소의 기본적 속성을 추론해 낸 뒤 플로지스톤을 뛰어넘는 새로운 연소 이론을 주장했다. 즉, 연소 현상은 물질에서 플로지스톤이 빠져나가는 현상이 아니라 물질과 산소가 결합하는 현상이라는 것이다. 그의 발견은 플로지스톤 이론으로 관념론에 빠져 있던 당시 화학 분야의 연구를 경험과 실험을 중시하는 근대 화학으로 이끄는 중요한 계기가 되었다.

라부아지에의 새로운 화학 교과서

　많은 천재 과학자들이 언제나 성공적인 연구만 했던 것은 아니지만 라부아지에는 달랐다. 어떤 때는 실수도 하고 가치 없는 일에 많은 시간을 보내기도 했지만 그는 대부분의 연구 과제를 성공적으로 마무리지었다.

　라부아지에는 1787년에 출판한 『화학명명법』에서 모든 화합물은 그 구성 원소에 따라 이름이 붙는다는 규칙을 제시했다. 당시 화합물의 이름은 물질의 성질, 출처, 용도 등에 따라 임의적으로 붙여졌다. 예를 들어, 화학자들은 고정되어 있다가 나오는 기체라는 의미에서 탄산염을 '고정된 공기'라고 불렀다. 그러나 화학명명법은 명확하고도 매우 논리적인 방법으로 탄산염을 '산소와 탄소의 화합물'이라는 뜻에서 '산화탄소'라고 명명했다. 이 명명법은 부분적으로 개정되기는 했지만 오늘날까지 그 체계를 유지하고 있다.

　라부아지에는 『화학명명법』 발간 후 얼마 안 되어 새로운 체계를 더 완전하게 설명하는 책의 필요성을 느껴 프랑스 혁명이 일어나던 해인 1789년에 교과서적 성격을 띠는 두 권으로 된 『화학원론』을 출판했다. 이 책은 오직 라부아지에의 화학만 가르쳤고 플로지스톤 화학은 전혀 언급하지 않았다. 라부아지에는 당대에 널리 퍼져 있던 플로지스톤 이론의 자취를 말끔히 없애 버린 것이다.

　새로운 화학책은 기존의 것과 너무나 달라서 대부분의 독자들은 초보자의 입장에서 책을 읽어야 했다. 이후 라부아지에의 『화학원론』은 그 명료함과 포괄적인 깊이로 근대 화학 교과서로 널리 알려졌고 영어, 독일어, 이탈리아어로 번역되어 많은 사람들에게 새로운 화학적 개념을 알리는 역할을 했다.

라부아지에는 이를 두고 "나의 이론이 혁명의 불길처럼 세계의 지식 사회에 퍼져 나가는 것을 보니 매우 기쁘다."고 말했다고 한다.

라부아지에는 파리과학아카데미의 회원으로 활동하면서 당시 아카데미 회원이던 수학자와 물리학자들의 많은 영향을 받아 실험의 중요성을 강조했다. 그는 『화학원론』에서 "실험과 관찰에서 즉시 유도될 수 없는 결론은 결코 추론될 수 없다는 법칙을 나 자신에게 엄격하게 적용했다."라고 말하며, 화학에서 실험적 증거에 의해 지지될 수 없는 생각들을 없애야 한다고 강조했다. 이후 그는 그 영향으로 "과학 연구는 단순히 실험을 통해서 새로운 물질이나 새로운 기체들을 발견하고 그 성질에 대해 연구하는 것이 아니라 이들에 대한 구체적 지식을 포함하는 설명과 이론의 체계가 중요하다."고 생각해 정량적이고 체계적인 방법으로 화학 실험을 실시했다.

혁명이 가져온 출판의 자유로 인해 라부아지에의 새 이론 체계와 명명법을 지지하는 화학자들을 중심으로 「화학연보」가 창간되었다. 라부아지에가 체포된 1793년에는 발간이 중지되었지만 1797년에 속간되어 현재까지 계속 출판되며 최초의 화학 분야의 전문 학술지로서 화학의 발전에 기여했다. 『화학원론』과 「화학연보」의 출판은 화학이 독자적 전문과학 분야로 발전했다는 것을 보여 주었다.

②
④

원소의 성질을 분석하다

이 세상은 무엇으로 이루어져 있을까? 이는 고대 그리스 시대부터 계속되어 지금까지 풀리지 않은 문제로 남아 있다. 영화 〈제5원소〉는 1914년 이집트의 어느 피라미드 발굴 현장에서 한 노학자가 지구의 미래를 바꿔 놓을 비밀을 밝히는 것으로 시작한다. 피라미드의 벽에 상형문자로 제5원소의 비밀이 담겨져 있는 것이다. 절대악은 5,000년에 한 번씩 찾아오는데 300년 후에 다시 찾아오며 이 절대악과 맞설 수 있는 것은 만물을 이루는 4원소와 미지의 제5원소의 결합이라는 것이다.

300년 후인 2259년 뉴욕, 지구에 거대한 괴행성이 다가온다. 사람들은 300년 전 예언대로 악마가 찾아오는 것이라고 생각하고 그 예언처럼 4원소를 가진 몬도샤 행성인들이 찾아와 지구를 구해 주기를 바란다. 그러나 몬도샤 행성인은 우주 해적에 의해 격추되고 과학자들은 남아 있는 몬도샤 행성인들의 한쪽 팔로 유전자를 재합성하여 인간을 만들어 낸다. 재합성된 인간은 신비한 외모의 빨간 머리 소녀 리루. 그녀가 제5원소를 찾을 수 있기를 모두들 바란다.

특히 외계인 여가수가 공연을 하며 멋들어진 노래를 부르는 장면은 압권이다. 그 노래는 전반부 아리아에 도니제티(Donizetti, Dominico Gaetano Maria)의 오페라 〈람메르무어의 루치아(Lucia Do Lammermoor)〉 중 〈Il dolce suono(달콤한 소리)〉와 후반부에 박진감 넘치는 강렬한 비트의 〈The Diva Dance〉를 합쳐 편곡한 것이다. 그중 오페라 〈Il dolce suono〉는 사랑하는 사람을 두고 다른 사람과 결혼한 루치아가 첫날밤에 신랑을 죽이고 미쳐서 부르는 가슴 아픈 곡으로 일명 '광란의 아리아'로 알려져 있다.

◉ 고대 상형문자가 말하는 제5원소는 무엇일까? 영화 〈제5원소(The Fifth Element)〉.

영화는 외계인 여가수의 노래를 통해 '사랑'의 중요성을 역설적으로 말하고 있는지도 모른다. 즉, 고대 사람들이 제5원소를 '에테르', 혹은 '정12면체로 구성된 기하학적 구성물'이라고 보았다면 2259년 악의 실체에 맞서 지구를 구할 수 있는 제5원소는 바로 '사랑'이라는 것이다. 네 가지 원소에 '사랑'이 더해져야 완전한 세계가 이루어진다는 과학자와 다른 대답을 시도한 영화 〈제5원소〉. 영화가 아닌 과학의 세계에서 원소, 혹은 원자의 영역은 무엇일까?

돌턴의 원자설

문장의 끝에 찍은 마침표 하나는 약 1,000만 개 정도의 원자가 일렬로 나열되어 있다고 한다. 원자의 크기는 우리가 상상할 수 없을 정도로 매우 작아서 아주 거대한 우주를 아는 데 걸리는 시간만큼이나 원자의 세계를 발견하는 데도 기나긴 시간이 필요했다.

고대 그리스 시대에 데모크리토스는 천지 만물이 무엇으로 이루어졌는지에 대해 고민하던 끝에 "이 세상에 존재하는 모든 물질을 계속 쪼개어 가면 마지막에 더 쪼갤 수 없는 기본 입자인 '아톰(atom)'에 이른다."는 답을 얻었다. 당시 천문학이 그랬던 것처럼 데모크리토스의 원자론은 추리와 사색에 바탕을 둔 것이었지만 오랫동안 그 권위를 누리게 되었다. 그러나 화학의 창시자로 알려져 있는 라부아지에, 그리고 '일정성분비의 법칙'을 발표한 프루스트 (Joseph Louis Proust, 1754~1826) 등이 실험과 관찰에 근거하여 이러한 기존 관념들을 깨뜨리기 시작했다.

● 원자설을 구체화시킨 돌턴.

데모크리토스의 원자설을 더 구체화한 사람으로 영국의 화학자이자 물리학자 돌턴(John Dalton, 1766~1844)이 있다. 돌턴은 기상학을 연구하던 중 공기를 비롯한 기체의 성질에 관심을 갖게 되었다. '산소와 수소를 혼합하는 것과 화합하는 것은 어떻게 다르며, 또 이러한 현상을 어떻게 설명할 수 있을까?'라는 문제에 빠져든 것이다. 돌턴은 혼합기체에 관한 많은 실험을 거친 후 1801년에 '부분압력의 법칙'을, 1802년에 '배수비례의 법칙'을 발표했다.

그중 부분압력의 법칙은 여러 종류의 기체가 한곳에 섞여 있을 때 그 혼합기체의 전체 압력은 각각의 기체에 부분압력을 모두 더한 값과 같다는 것이었다. 그리고 배수비례의 법칙은 탄소와 산소의 결합으로 만들어진 일산화탄소(CO)와 이산화탄소(CO_2)의 무게 비를 통해, 일정량의 탄소와 결합하는 산소 사이에 서로 간단한 정수 비가 성립한다는 것이었다. 돌턴은 기체에 관한 법칙을 통해 화합물 속의 원소들이 일정한 정량적인 관계로 이루어져 있다는 것을 보여 주었다.

돌턴의 기체에 대한 관심은 원자설에 대한 관심으로 이어졌다. 그는 물체를 구성하는 기본 단위인 작은 입자를 '원자'라고 불렀다. 이후 1803년에 런던 왕립학회 강연에서 "원소는 딱딱하고 단단해 꿰뚫을 수 없는 원자로 구성되어 있다."라는 원자설을 발표하고 1808년에 출판된 『화학의 새로운 체계』에서 이에 대해 자세히 설명했다.

돌턴의 원자설에 따르면 모든 물질은 더 이상 쪼갤 수 없는 가장 작은 입자인 '원자'로 이루어져 있고 같은 원소의 원자는 그 성질과 질량이 같고 다른 원소의 원자는 그 성질과 질량이 같지 않다. 그리고 화합물은 그 성분의 원자가 모여서 이루어져 있는데, 한 가지 화합물에서 그 성분 원소의 원자 수는 항상 일정하며 그 수는 간단한 정수 비를 이룬다는 것이다.

원자를 정렬하다

원자설을 확신한 후 돌턴은 원자의 원자량에 대한 표를 만들기 시작했다.

그는 원자 한 개의 질량을 직접 잴 수 없는 상황에서 수소 원자를 표준으로 원자량을 결정했다. 돌턴은 수소 원자의 원자량을 1로 정한 다음 다른 원자의 원자량을 구했다.

산소와 수소가 결합하여 물을 만들 때, 산소 8에 대해 수소 1이 필요하므로 산소의 원자량을 8로 정했다. 돌턴은 이를 바탕으로 원자량을 한눈에 볼 수 있는 표를 작성했다. 지금의 시각에서 보면 돌턴의 원자량은 틀린 부분이 많다. 그러나 정량적 분석 방법이 뛰어나지 못한 당시의 실험 기술에 견주어 보았을 때 돌턴의 주장은 그 자체로 놀라운 것이었다.

돌턴은 원자가 원과 같이 둥근 모양이라고 상상하고 이것들의 모형을 만들어 화합물의 구조를 모형으로 설명했다. 돌턴은 산소나 수소 같은 원자들을 구분하는 표시법이 없을까 고민한 끝에 동그라미(○)를 산소 원자로, 동그라미의 가운데에 있는 작은 흑점(◉)을 수소 원자로, 큰 흑점(●)을 탄소 원자로 표시했다. 돌턴은 물을 산소 원자와 수소 원자가 어울려 이루어진다고 생각하여 물 분자를 ○◉로 나타내었다. 돌턴의 원자 기호는 수십 종의 원소를 표기하기에 부적절했으나 돌턴은 이러한 방법들을 생각하며 원자설의 매력에 빠져들었다.

돌턴의 원자설은 여러 이점에도 불구하고 그 한계에 부딪쳤다. 그는 다음과 같이 가정했다.

"원소는 더 쪼갤 수 없는 원자로 구성되어 있다. 화합물은 성분 원소의 원자가 결합된 분자로 구성되어 있다. 두 원소의 화학물이 한 종류밖에 없을 때 화학물의 분자는 성분 원소의 원자가 각각 한 개씩 결합한다."

그러나 "수소 원자 1개와 산소 원자 한 개가 결합하여 물 분자 한 개를 만든다."는 그의 가정에는 오류가 있었다. 당시 기체에 대해 연구하고 있던 게

이 뤼삭(Gay-Lussac, 1778~1850)은 기체 반응의 법칙을 설명하며 돌턴의 원자설에 위배되는 내용을 발표했다. 즉, 수소 : 산소 : 수증기의 부피비는 2 : 1 : 2라는 간단한 정수 비가 성립되는데, 이 정수 비를 얻기 위해 산소 원자를 반으로 쪼갤 수밖에 없었던 것이다.

세기적 싸움으로 불리는 돌턴과 게이 뤼삭 사이의 논쟁은 이탈리아의 물리학자 아보가드로(Amedeo Avogadro, 1776~1856)의 등장과 함께 해결점을 찾기 시작했다. 아보가드로는 돌턴의 이론도 맞는 것 같고, 게이 뤼삭의 이론도 맞는 것 같다는 생각에서 양쪽의 이론을 만족시키는 새로운 묘안을 찾았다. 그러던 차에 기체 반응의 법칙을 만족시키기 위해 원자를 반으로 쪼개지 않고 원자의 수를 두 배로 늘리면 된다고 생각해 냈다. 즉, 아보가드로는 원소는 더 쪼갤 수 없는 원자로 구성되어 있다는 돌턴의 가정 대신에 "원소는 더 쪼갤 수 없는 것이 아니라 같은 종류의 원자의 결합물일 수 있다."고 생각했다.

이후 아보가드로는 "모든 경우 같은 압력, 같은 온도일 때 같은 부피 속에 같은 수로 들어 있는 알갱이는 원자의 개념과는 달리 쪼개질 수 있는 알갱이, 즉 '분자'로 되어 있다."고 정리했다. 즉, 돌턴이 본 수소 원자는 실제로 수소 원자 두 개의 결합물이고, 산소 원자는 실제로 산소 원자 두 개의 결합물이라고 보고, 아보가드로는 그 원자의 결합물을 '분자'라고 명명했다. 아보가드로는 자신의 생각을 정리하여 1811년에 "모든 기체는 종류와 관계없이 같은 압력, 같은 온도일 때 같은 부피 안에 그 같은 수의 분자를 가진다."라는 '아보가드로의 법칙'을 발표했다.

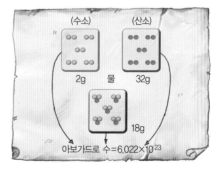

◉ 아보가드로의 법칙.

아보가드로는 양쪽의 이론을 수용하면서 자신의 새로운 생각을 덧붙여 '아보가드로의 법칙'을 제안했으나 아보가드로 살아생전에 그의 법칙은 세상의 빛을 보지 못했다. 이후 돌턴에서 시작한 원자설이 여러 화학자들의 연구를 통해 그 오류가 수정되면서 오늘날 아보가드로의 법칙은 확고한 이론으로 자리잡았다.

지구 변화 과정은 동일하다

고대 로마인들은 시칠리아 섬 에트나 산 밑에 대장장이의 신 불칸(Vulcan)이 웃통을 벗어 제치고 시뻘건 쇠망치를 내리치는 대장간이 있다고 믿었다. 그가 일할 때 피우는 불이 터져 나온 것이 용암이라는 것이다. 로마의 신 불칸은 그리스 신화의 헤파이스토스에 해당하며 화산을 뜻하는 volcano의 어원이 되었다.

영화 〈볼케이노〉의 배경이 되는 로스앤젤레스는 풍요와 낭만의 도시이자 영화 산업의 메카로 모든 이가 동경하는 아름다운 도시다. 물론 범죄와 마약 등 사회적 문제는 물론 환태평양 지진대의 주변에 위치한 신생대 지형으로 화산과 지진 등 자연재해의 위험이 늘 도사리고 있는 도시이기도 하다. 주인공 마이크는 긴급 사태나 자연재해가 발생하면 시의 전 재원을 통제할 권한을 갖고 있는 LA 비상 대책반(E.O.C.)을 대표하는 반장이다.

어느 날 상수도 배관 공사를 하던 인부들이 화상으로 사망하는 사건이 발생하자, 마이크는 직접 현장 조사를 실시하지만 그 원인을 정확하게 파악하

● 영화 〈볼케이노(Volcano)〉.

지 못한다. 이때 지질학자인 에이미 반즈 박사가 화산 활동에 대한 이상 징후를 발견하고 마이크에게 알린다. 이후 수십 대의 소방 헬리콥터가 흐르는 용암에 일시에 물을 쏟아부어 굳히고, 거의 완공되어 가고 있는 22층짜리 고층 빌딩을 폭파시켜 용암이 흐르는 방향을 바꿔 LA는 위기를 모면한다(과학적으로 설명 불가능한 상황들이 전개된다).

영화 속 장면처럼 화산 폭발이나 지진, 혹은 산사태 같은 몇 가지 현상들을 제외하고, 우리들이 인간의 수명에 비해 엄청나게 긴 지질시대의 역사를 설명한다는 것은 어려운 일이다. 오래전 지질의 역사에 대해 논했던 사람들은 이것을 어떻게 보았을까?

지구는 정말 물에서 만들어졌을까

대부분의 기독교인들은 1700년대 중반까지 지구의 역사에 대해 탐구하지 않았다. 「창세기」에 지구가 창조된 과정들이 나와 있기 때문이었다. 그런 와중에 "지진이나 화산 폭발, 번개나 해일 같은 급격한 자연 현상이 왜, 어떻게 일어나는지, 암석 속에 광물화된 생물처럼 보이는 물체는 무엇인지" 등에 대해 질문을 던지는 사람들이 있었다. 그러나 그 질문에 대한 답은 성경에 기초하여 급격한 변화가 지상의 모든 생물을 몽땅 쓸어 간다는 생각에 초점이 맞추어져 있었다.

이때 성경에 의문을 던지고 지질학을 종교적 교리의 굴레에서 과학의 영역으로 옮긴 사람이 있었으니 바로 스코틀랜드의 지질학자 제임스 허턴(James Hutton, 1726~1797)이다. 허턴은 법률과 의학 등을 공부했으나 잉글랜드 전역을 돌아다니며 그 지역의 지질 연구에 빠져들었다.

한때 스코틀랜드를 여행하던 허턴은 가는 곳마다 층을 이루지 않은 거대한 암석덩어리들이 있다는 새로운 사실들을 발견했다. 즉, 하나의 산

'동일과정설' 을 주장한 허턴.

전체가 바위로 되어 있거나 수평을 이룬 지층을 뚫고 밑에서 위를 향해 수직으로 올라가는 바윗덩어리(오늘날의 암맥)가 있었다. 허턴은 그 광경을 보면서 원시 바다에서 침전한 퇴적물이 지각을 만들어 낸다는, 당시 널리 퍼져 있던 생각에 의문을 갖기 시작했다.

이 무렵에 독일 자연철학의 사상적 영향을 받은 근대지질학의 선각자 베르너(Abraham Werner, 1750~1817)는 지구의 역사에 관한 연구로 유럽 전역에서 명성을 떨치고 있었다. 베르너는 지진이나 홍수 같은 격변 현상이 생겨 지표면을 완전히 뒤바꾸고 새로운 생물이 창조되었다는 격변설을 주장했던 뷔퐁(Georges Louis Leclerc de Buffon, 1707~1788)을 비롯하여 여러 학자들의 모델을 종합하여 지질학 이론을 주장하고, 1774년에 광물을 확인하고 분석하는 방법에 대해 논한 최초의 학술적 현장 안내서를 출판했다.

베르너는 그 저작에 힘입어 1775년에 독일 작센 주의 프라이부르크 광산학교에 교수로 임명되었고 그곳에서 지질학에 관한 새로운 교과과정을 만들어 소수 정예의 학생들을 가르쳤다. 그곳 출신의 학생들이 강의에 기초하여

약식 원고를 썼는데 그 원고가 국제 광물학 공동체에서 읽힐 정도로 그의 명성은 대단했다.

베르너의 지구 역사에 대한 관점은 이미 대부분의 학자들 사이에서 널리 수용되고 있었다. 베르너의 지질학 이론인 수성론에 따르면, 지구는 과거에 온통 원시 바다로 덮여 있었고, 지각을 구성하는 모든 암석들은 모두 퇴적 과정에서 형성되었거나 지구를 덮고 있는 해양에서 화학적 및 역학적 침전 과정을 거치면서 만들어졌다. 그러나 베르너는 '원시 바다의 많은 물이 어디에서 왔고 암석층이 형성된 이후에 원시 바다가 어떻게 없어졌는지'에 대한 답을 제시하지는 못했다.

특히 베르너는 노아의 홍수나 방주와 같은 성경의 권위에 맞서지 않고 흐트러진 지층들과 화석의 잔재를 제시하여 갑작스럽고 격렬한 바다의 폭풍우가 지구의 표면에 변화를 일으켰다고 보았다. 베르너는 성경의 시간적 구조를 공개적으로 문제 삼지 않았던 까닭에 교회의 비판에서 자유로웠다. 이후 베르너의 이론은 층위학 지식의 종합으로서 전 세계의 모든 암석층을 설명하는 것으로 널리 수용되었고, 베르너는 지각의 기원에 대한 개념을 세운 '지질학의 아버지'라고 불리게 되었다.

현재는 과거를 푸는 열쇠다

허턴은 생각이 자유롭고 미래지향적이며 학식이 풍부했던 자연철학자들을 주로 만났는데, 그중에 이산화탄소(탄산가스)를 발견한 블랙(Joseph Black, 1728~1799), 에든버러 대학의 수학 교수인 플레이페어(William Henry Playfair,

1790~1857) 등이 있다. 이들은 에든버러를 주 무대로 활동하던 당대에 유명한 사상가들이었다. 허턴이 "물질계와 지적 세계의 출발점은 (중략) 화학을 통해서 가능했다."고 말한 것처럼 블랙의 화학적 지식에 대한 식견은 허턴의 광물학이나 지질학 연구에 많은 도움을 주었다.

허턴은 1785년에 에든버러 왕립학회에서 '지구 이론'에 대한 논문을 발표했다. 허턴은 당시 널리 퍼져 있던 격변설 대신에 '현재 우리 눈에 보이는 작은 변화가 과거에도 똑같이 조금씩 일어났다'는 주장을 내세웠다.

"식물과 동물을 부양하고 있는 이 지구가 존재한 시간을 대략적으로 측정해 보고, 지구가 겪어온 변화들을 추론해 보고, 이미 흘러간 시간을 고찰하여 이 사물계의 끝이나 종말이 얼마나 먼 시기에 도래할지 살펴보는 것이다."

이후 허턴은 이러한 내용들을 정리하여 1795년에 『지구의 이론』이라는 두 권짜리 책을 출간했다. 허턴은 이 책에서 베르너와 마찬가지로 지구의 형성에 바람이나 물에 의한 침식, 얼음, 사태 등 잘 알려진 원인들이 작용한다고 여겼다. 그러나 그는 물에서 암석이 형성되었다는 수성론을 주장한 베르너와는 다르게 "지구의 중심 열과 내부 압력이 침전된 지층에 작용해 지층을 변형시키고 이동시킨다."고 주장했다.

그는 지질학적 현상의 원인으로서 물에 의한 영향보다 지구 내부의 열과 압력에 의한 광물화 과정을 강조했다. 더욱이 허턴은 자연의 법칙에 위배되지 않는 규칙성을 전제로 지각이 형성되는 과정을 격변 대신에 '지속적인 변화의 과정'으로 설명했다. 이는 오늘날 '암석의 순환'이라고 알려져 있다.

허턴은 이러한 지속적인 변화의 과정에 기초하여 과거와 현재 사이에 존재하는 유비 관계를 설명하는 방식으로 '동일과정설'을 주장했다. 그의 동일과정설에 따르면, 지구의 내부는 용융된 용암으로 가득 차 있고 단단한 지표는

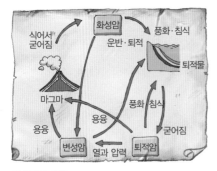

● 암석의 순환.

용융된 용암을 담는 그릇이며, 용암은 때때로 지표 바로 아래의 갈라진 틈으로 나와 그 위의 퇴적층을 굴곡시킨다. 이때 용암은 굳어서 결정형 암석인 현무암이나 화강암이 되고 그 위에 퇴적암이 쌓이는 과정이 계속해서 주기적으로 일어난다는 것이다. 오늘날 우리들은 "현재는 과거를 푸는 열쇠다."라는 말을 자주 사용하는데, 이 말은 지구상의 자연계는 옛날도 지금도 같은 법칙에 따라서 움직이고 있다고 생각했던 허턴의 주장을 대변해 주는 말이기도 하다.

당시에는 교회와 성경의 권위가 너무나 높아 격변설이 자연스레 인정되고 있어서 허턴의 주장은 크게 빛을 보지 못한 듯했다. 그러나 베르너의 주장(수성론)과 허턴의 주장(화성론)이 서로 얽히면서 지질학은 빠른 속도로 발전하기 시작했다. 허턴의 오랜 친구이자 동료였던 플레이페어가 점진적이고 주기적인 변화를 근거로 지질의 변화를 설명하는 허턴의 이론을 수용하여 발전시켰다.

또한 허턴이 죽던 해에 태어난 라이엘(Charles Lyell, 1797~1875)이 1830년에 발간한 『지질학의 원리』에서 허턴의 이론을 발전시켜 지질학의 법칙을 만들면서 지구의 지질학적 특징들에 대한 연구가 본격화되었다. 물론 허턴의 이론이 본격적으로 수용되면서 허턴은 '근대 지질학의 아버지'로 널리 인정받게 되었다.

제 3 부

새로운 과학이 시작되다

2
6

볼타전지, 전기를 저장하다

갑자기 빠르게 방향을 바꾼 두툽 상어가 바닥의 모래를 빨아들이자 모래 속에 숨어 있던 넙치가 모습을 드러냈다. 넙치는 완벽하게 숨었다고 생각했지만 전압을 감지할 수 있는 두툽 상어의 감각 앞에 속수무책으로 무릎을 꿇고 만 것이다.

'자연적인' 전기는 존재할까? 물론 우리 모두에게 존재한다. 신경이 근육에게 움직이라고 명령하는 순간에 신경을 거쳐 명령이 전달되기 위해서는 전기가 필요하다. 그러나 이 과정에서 사용하는 신체의 전압은 100밀리볼트 이하로 매우 낮다. 그 양은 매우 적지만 측정 가능하기 때문에 의료기기를 이용하면 심장과 뇌의 소리를 듣고 심전도와 뇌파 등을 감지할 수 있다.

인체보다 강한 전류를 가지고 있는 전기메기, 전기뱀장어처럼 근육의 일부가 생물학적 배터리로 전환된 고전압 물고기도 있다. '전기물고기'라 불리는 전기뱀장어는 최고 800볼트의 전압과 최고 1암페어의 전류 강도로 사람들의 몸을 부들부들 떨게 만든다. 이 전기물고기들은 높은 전압을 방패 삼아 무서

● 전기뱀장어. 몸 후반부의 양 옆구리에 두 개씩의 발전기 관이 있으며 발전력은 발전하는 어류 중에서 가장 높아 650~850볼트에 이른다.

운 위력으로 먹잇감을 잡으려고 움직이고 주변의 물고기들은 전기물고기를 피해 여기저기 숨어 다닌다.

스스로 전압을 만드는 전기물고기도 있지만 전압을 감지할 수 있는 물고기들도 있다. 상어나 가오리처럼 전기 방향 시스템을 가지고 있는 물고기들은 수천 개의 감각세포를 가지고 신체 내부와 외부의 전압 차를 인식한다. 물론 두툽 상어도 전기 감각으로 모래 속에 숨어 있는 넙치를 날쌔게 찾아낸다. 그나마 다행인 것은 두툽 상어의 전기 센서가 약 25센티미터의 근거리에서만 통한다는 점이다. 최근에 극히 소수이지만 전기를 감지하는 자체 감각기관을 가진 몇 종의 양서류가 밝혀졌다고 한다.

18세기에 이탈리아의 의학자이며 생리학자인 갈바니(Luigi Galvani, 1737~1798)는 개구리 다리의 신경조직을 이용하여 일종의 동물전기 현상을 발견했다. 발견의 기쁨은 잠시, 그의 발견은 과학계에서 비웃음거리가 되고 말았다. 당시 실험 기술로 동물의 신경 자극 같은 복잡한 전기화학적인 성질을 밝히기가 너무나 어려웠기 때문이다. 전기뱀장어처럼 개구리의 다리가 전기를 발생시킨다고 믿었던 갈바니, 그리고 그와 경쟁했던 볼타. 그들이 보았던 전기는 무엇이었을까?

동물전기에서 금속 전기로

프랑스의 시인 발레리(Paul Valery, 1871~1945)는 "1800년에 볼타가 전지를 발명하고 전류를 발견한 것은 1789년과 1815년 사이에서 일어난 가장 중요한 사건이다."이라는 유명한 말을 남겼다. 호박이나 금속을 강하게 문지르는 방법 외에 전기를 생산하는 방법이 없던 시대에, 전지를 발명한 볼타의 업적은 인류에 기여한 최대의 역사적 사건이라는 것이다.

인류를 전지의 시대로 이끈 단초는 '동물전기'의 발견으로 거슬러 올라간다. 이탈리아의 갈바니는 볼로냐 대학에서 의학과 철학을 공부한 후 해부학과 신경생리학을 연구했다. 이러한 학문적 배경 아래 갈바니는 1773년경부터 실험용 개구리의 표본을 다량으로 구입한 후 개구리 근육의 움직임을 연구했다.

그러던 차에 그는 1780년대에 개구리 다리의 근육에 금속 칼을 댈 때 경련을 일으키는 것을 관찰했다. 이후 10년 동안 동물의 신경과 근육의 움직임에서 전기의 역할에 대해 같은 주제로 실험과 연구를 반복한 끝에 1791년에 "동물 자체에 전기가 있다."는 내용을 담은 「동물전기에 대한 이론」이라는 논문을 발표했다. 이 발표는 당시 커다란 화제를 모았고 '동물전기 실험'에 흥미를 느낀 여러 과학자들은 이와 동일한 실험을 반복해 실시했다.

파비아 대학의 물리학 교수였던 알레산드로 볼타(Alessandro Giuseppe Antonio Anastasio Volta, 1745~1827)는 화학자 프리스틀리가 쓴 전기의 역사에 대해 쓴 책을 읽고 난 후 전기와 화학 현상에 관심이 많아졌다. 그는 물리 교사로 일하면서 전기에 대한 현상을 연구했고, 1769년에 최초의 논문인 「전기화(電氣火)의 인력에 관하여」를 발표했다. 이후 그는 라이덴 병이나 미량의 전기를 검출하는 검전기 등을 제작하여 사람들 사이에 알려지기 시작했다.

물론 볼타도 1791년에 갈바니의 동물전기에 관한 논문을 접한 후 처음에 "과연 갈바니가 말한 대로 개구리의 근육은 라이덴 병과 같은 역할을 하면서 전기를 저장하고 있는 모양이다."라며 갈바니의 실험 결과에 동조했다.

이후 갈바니의 동물전기에 관심이 많았던 볼타는 갈바니의 동물전기 연구에 착수했고 갈바니와 동일한 연구와 실험을 거듭하면서 전기의 근원이 생물에 있는 것이 아니라 서로 다른 두 개의 금속 사이의 접촉에 있다는 것을 발견했다. 즉, 그는 "전기는 개구리가 아니라 금속에서 나온다."고 본 것이다.

예전에 볼타는 아연판과 구리판을 혀끝에 대고 있

● 최초의 전기 저장장치를 만든 알렉산드로 볼타.

으면 그 맛이 새콤하다는 이야기를 들은 적이 있었다. 물론 당시 그러한 현상이 왜 일어났는지는 구체적으로 알려져 있지 않았다. 볼타는 그 실험 내용을 응용하여 동전 모양의 구리 원반을 혀의 한쪽 면에, 아연 원반을 다른 쪽 면에 대고 두 동전을 동시에 건드리면 '찌르르' 하는 느낌이 온다는 것을 발견했다. 볼타는 입 안에서 세계 최초로 안정적인 전지를 만들었고 이러한 현상을 '금속전기'라는 말로 설명했다.

갈바니의 주장에 박수갈채를 보냈던 볼타가 1794년경에 동물전기 대신에 금속전기를 주장하면서 볼타와 갈바니 사이에 끝없는 논쟁이 시작되었다. 두 사람의 논쟁은 한없이 계속되다가 1798년경 정치적 이유로 갖은 고초를 겪던 갈바니가 세상을 떠나면서 끝나고 말았다.

전기 저장장치를 발명하다

볼타는 신경과 근육의 작용을 배제하기 위해 금속을 종이나 천과 같은 온갖 종류의 젖은 물질에 접촉시켰다. 개구리의 다리는 단지 전해액의 역할을 한다고 생각한 볼타는 갈바니 실험의 기원을 '물질'에서 찾아야 한다고 보았다. 그는 개구리 다리 대신에 젖은 마분지나 깃털 또는 옷감을 사용해서 여러 금속으로 다양한 실험을 했다. 예를 들어 아연판과 구리판들을 겹겹이 쌓고 그 사이에 소금 용액에 젖은 마분지(혹은 젖은 깃털이나 옷감)를 끼웠다. 이러한 방법으로 50쌍을 쌓았을 때, 금속판에서 작은 불꽃이 튀는 것을 발견했다. 이제 볼타는 두 종류의 쇠붙이 사이에 소금 용액에 젖은 물질을 두면 전기가 만들어진다고 확신했다.

볼타는 두 가지 종류의 쇠붙이를 접촉했을 경우에 전기가 일어나는지 구체적으로 조사했다. 예를 들어 아연과 구리를 접촉하면 분명히 아연에 플러스, 구리에 마이너스 전기가 생겼고, 구리와 쇠를 접촉하면 구리에 마이너스, 쇠에 플러스 전기가 생겼으며, 은과 구리를 접촉하면 은에 마이너스, 구리에 플러스 전기가 생겼다. 볼타는 자신이 발명한 검전기를 사용하여 아주 적은 전기라도 전기의 발생 여부와 그 종류를 조사했고, 금속전기를 착상한 끝에 금속 물질의 볼타 계열을 만들었다.

볼타는 두 개의 다른 금속을 소금 용액 내에서 접촉시켜 전류가 흐르는 것을 발견했다. 볼타는 소금 용액이 담긴 여러 개의 그릇에 전선을 담아 놓고 하나씩 차례로 소금 용액 그릇을 연결했다. 그는 그것을 작은 원판으로 만들어 모양을 다듬었고 소금 용액에 담긴 두 개의 다른 금속판을 판지 원판으로

분리했다. 볼타는 판들 사이에서 전기가 발생하는 것을 보았고 전기가 선을 따라 이동하는 것을 확인했다. 오늘날 전기적 흐름 때문에 발생하는 전기의 흐름은 전류(current)라고 불리고 있다.

볼타는 1800년에 왕립학회에서 구리와 아연을 이용하여 전류를 만드는 전지를 만들었다는 연구 결과를 발표했다. 그는 발표에서 전지에 대해 "나는 단순한 접촉에 의한 전기 발생 실험을 하던 중 하나의 새로운 장치를 만들어 내는 데 성공했다. 이 장치는 라이덴 병과 같은 작용을 하는데 그 정도는 매우 약하다. 그러나 그것은 미리 밖에서 전기를 줄 필요가 없고 적당한 방법으로 그것을 장치하기만 하면 언제든지 작용한다는 점에서 라이덴 병보다 뛰어나다."고 기술했다.

볼타는 전기를 발생시키고 저장하는 전기 저장고, 즉 최초의 전지를 만들었다. 구리와 아연을 이용하여 전류를 만드는 전지는 나중에 볼타의 이름을 따서 '볼타전지'라고 불리었다. 볼타전지는 단발적인 전기 방전을 만드는 데 그치던 당시의 라이덴 병과는 달리 전기가 계속 흐르게 하는 장치였다. 이후 1881년 국제전기학회는 그것을 기념하여 전기를 일으키는 힘의 단위를 '볼트(volt)'라고 명명했다.

볼타는 런던 왕립연구소 지하 실험실에서 대중을 상대로 볼타전지를 이용한 실험을 하여 사람들의 흥미를 불러일으켰고 영국뿐만 아니라 프랑스에서도 선풍적인 인기를 끌었다. 사람들은 볼타전지에 대해 "망원경이나 증기기관을 포함해 여태까지 인간의 손에서 나온 것 가운데 가장 훌륭한 도구다."라고 말할 정도였다. 볼타전지의 발명은 인류가 전기의 시대로 성큼 다가선 중요한 사건이었다.

촛불로 전기 문명의 시대를 열다

현재까지 이어져 오고 있는 크리스마스 강연에서 처음으로 강연을 시작한 패러데이(Michael Faraday, 1791~1867)는 일상에서 쉽게 접할 수 있는 한 자루의 초로 자연적 · 물리적 · 화학적 반응들을 대화하듯이 알기 쉽게 설명했다.

"초의 물질로서 촛불은 이리 보고 저리 보아도 흥미를 일으킬 만한 이야깃 거리가 많은 데다가 촛불이 과학의 다른 분야와 관련되는 수많은 길 앞에 서 면 놀랄 수밖에 없습니다. 우주를 지배하는 여러 가지 법칙 중에 초와 관계되 지 않은 것이 하나도 없다고 해도 과언이 아닙니다. 자연과학 공부를 시작하 는 길 어귀에 촛불의 물리적 변화를 관찰하는 것처럼 꼭 알맞고 손쉬운 일은 찾아보기 어려울 것입니다. (중략) 아무리 새롭고 좋은 제목일지라도 촛불보 다 적당한 주제는 없을 것입니다."

패러데이는 일상에서 가장 많이 사용하며 다른 어느 것보다 과학적 원리를 내포하고 있는 한 자루의 초를 이용하여 귀족의 자제들은 물론 일반 시민까 지 모든 계층을 대상으로 과학의 지평을 넓히는 데 힘썼다.

일례로 1855년 12월 왕립연구소에서 어린이, 저명한 과학자, 여왕의 부군과 왕태자를 포함하여 다양한 계층의 청중을 대상으로 열렸던 패러데이의 강연에 대해, 한 잡지는 "그는 철학을 매력적인 학문으로 만드는 기술을 가졌으며 이것은 그가 백발의 지혜와 멋진 청년의 정신을 모두 가지고 있었기에 가능했다."고 보도했다.

화학 실험에서 전기 실험으로

전자기학의 선구자로 알려진 패러데이는 서점을 운영하던 제본업자 밑에서 일했던 까닭에 구하기 어려운 수많은 책들을 읽고 과학에 대한 대중 강연을 들으며 전기와 기계에 대한 다양한 지식을 쌓아 나갔다. 특히 패러데이의 관심을 끌었던 책은 『브리태니커 백과사전』에 수록된 전기에 관한 긴 논설과 1767년에 출판된 프리스틀리의 『전기학의 역사와 현황』이라는 책이었다. 또한 정규 교육을 받지 못한 패러데이는 여러 형태의 과학 강연에 참석하고 관련 주제들에 대한 간단한 실험을 하며 과학적 지식을 넓혀 나갔다.

그중 1812년 왕립연구소에서 진행된 전기화학자 험프리 데이비(Humphry Davy, 1778~1829)의 강연은 패러데이의 인생에 중요한 전환점이 되었다. 패러데이는 강연회 내용을 꼼꼼히 필기했고 그것을 본 데이비는 패러데이의 정성에 크게 감동받았다. 이후 패러데이는 1813년 3월부터 왕립연구소에서 데이비의 실험 조수로 일하게 되었고 그 후에도 데이비의 강의에 참석하며 그곳에서 배운 내용들을 가장 효과적으로 전달하는 자신만의 독자적인 영역을 만들어 나갔다. 물론 패러데이는 이때부터 1861년 사임할 때까지 평생 왕립연구소와 인연을 맺었다.

1810년대 왕립연구소는 화학 분야에서 유명했던 만큼 패러데이도 초기에는 화학에 대해 관심이 많았다. 19세기 초 영국 북부 전체에 들어선 대규모 방직 공장에는 원자재와 제품을 세척하기 위한 대량의 비누와 낮에 환한 햇빛을 이용하기 위한 유리가 필요했다. 패러데이는 이러한 당대 상황을 고려하여 화학 분야의 연구에 몰두했고 1824년에 벤젠과 부틸렌을 발견함으로써 화학자로서의 명성을 얻었다.

패러데이의 업적에서 가장 눈에 띄는 것은 전자기학 분야의 업적이다. 패러데이는 영국 출신이었지만 데이비 등과 작업을 함께하며 자연의 통일적인 힘을 찾으려는 독일 자연철학의 영향을 받았을 뿐만 아니라 1820년대에는 네덜란드의 과학자 외르스테드(Hans Christian Oersted, 1777~1851)의 영향으로 전기와 자기 현상에 관심을 갖게 되었다. 물론 당시 많은 과학자들이 자기와 전기의 관계에 대해 연구하고 있었고, 그들의 대부분은 대학 등지에서 고등교육을 받은 사람들로서 뉴턴이 정립한 고등수학에 정통했다.

코펜하겐 대학의 물리학 교수였던 외르스테드는 1820년 4월에 실시한 시범 실험에 대해 이렇게 서술했다.

"첫 번째 실험의 계획은 작은 전류가 흐르는 장치(전지)로 전기를 만들고 이것을 아주 가는 백금 전선에 흐르게 한 뒤 유리로 덮은 나침반 위에 이 전선을 놓는 것이었다. (중략) 나침반의 자침이 조금 움직였다."

외르스테드의 실험은 전기적 영향을 받아 자기적 효과가 일어나는 것을 보여 준 전자기학에 관한 것이었다. 그는 당시 유럽 전체를 뒤흔든 전기와 자기의 연관성을 설명하는 '외르스테드의 법칙'을 발표했다. 외르스테드의 전자기학에 대한 발견은 전자기에 대한 과학적 연구가 폭발적으로 일어나는 계기가 되었다.

발전기, 전기 문명의 시대를 열다

패러데이는 형식적인 교육을 받지 않은 만큼 스스로 생각하고 다른 사람들이 당연하게 여기는 것을 새로운 모습으로 바꾸는 데 재능이 있었다. 외르스테드의 실험에 감동받은 패러데이는 1822년에 전기에 관한 대부분의 책과 논문을 독파한 끝에 자신의 실험 일지에 "자기를 전기로 바꾸라."는 말을 남기며 자기를 전기로 바꾸기 위한 실험에 도전했다. 그러나 패러데이는 당시 사용했던 측정 장치의 한계 탓에 구체적인 현상을 확인하지 못했다.

1820년대 이후 많은 사람들의 연구에서 전자석이 발명되거나 그 밖에 여러 전자기 분야에서 진기한 발견들이 잇따랐다. 패러데이는 이러한 발견들을 거울삼아 오랜 연구 끝에 1831년 8월에 전선 코일을 매개로 발생하는 전기와 자기의 관계를 설명하는 실험을 했다. 즉, 외부 지름이 약 15센티미터인 연철 고리에 전선 두 개를 감은 장치를 설치하여 한 코일은 각 끝에 전지를 연결하여 전류가 흐르게 했다. 다른 코일은 구리선에 연결하여 구리선이 나침반의 자침 위를 통과하도록 했다. 전지가 연결된 회로를 연결하거나 끊으면 다른 회로 근처에 있는 바늘은 급격히 움직이다 멈췄다. 그의 일생에서 가장 중요한 발견이 이루어지는 순간이었다.

자석을 코일 쪽으로 움직이면 전선에 갑자기 전류가 흐르기 시작하고, 자석을 움직이지 않고 가만히 두면 전류도 멈췄다. 다시 자석을 움직이면 전류가 다시 흐르기 시작했다. 즉, 자석을 전선 근처에서 움직이기만 하면 전류가 생성되는 것이었다. 패러데이는 "움직이는 자석에서 보이지 않는 힘이 나와 텅 빈 공간을 가로질러 전기를 일으키는 현상을 발견했다."고 기술했다. 이 실험은 자기가 전기를 만든다는 것으로 자기적 효과에 의해 전기적 효과가 일어났다는 전자기유도 현상을 발견한 최초의 사례였다. 이로써 패러데이는 1831년에 자석에 의해 연속적인 전류를 얻을 수 있는 장치, 오늘날 변압기로 알려진 장치를 고안하는 데 성공했다.

그의 이력을 알고 있던 당시의 과학자들은 "수학적 형식으로 표현하지 못한 패러데이의 보이지 않는 역장(力場)은 순전히 근거 없는 이론이다."라고 비난하기도 했다. 반면 패러데이의 친구이자 동료인 존 틴달(John Tyndall)은 패러데이의 천재성에 대해 "그는 완벽한 융통성을 가지고 거대한 힘을 통합했다."고 말하기도 했다.

낭만주의 시인처럼 보였던 패러데이는 이러한 비난에도 불구하고 먼 훗날에 자신의 연구에서 비롯되어 실용적 발명들이 이루어질 것이라는 믿음을 가진 채 전류 흐름, 자기장, 자기장을 통한 운동 사이의 관계와 전자기력선 등에 대해 계속 연구했고 또한 왕립연구소에서 대중을 대상으로 열정이 가득한 강연을 했다. 패러데이는 실용적이거나 유용한 것을 만드는 데 무관심했지만 그의 업적은 다음 세대에 전기의 실용화를 위한 중요한 영감을 주는 모델이 되었다.

대나무를 태워 전구를 만들다

19세기 중반에 중앙 가스 공장에서 지하 파이프를 통해 건물과 거리로 배분된 석탄-가스등이나 아크등이 고래 기름과 양초를 대신하여 도시를 환하게 밝혔다. 일부 사람들은 가스등을 '하느님이 주신 어둠을 몰아내는 도구'로 여기고 "거리의 조명 탓에 사람들은 악해질 것이다."라고 말하며 가스등의 설치를 반대했다. 그러한 반대에도 불구하고 "일몰은 더 이상 산책을 막지 못했고 낮은 모든 인간의 공상만큼 늘어났다."는 말처럼 가스등은 시간과 장소에 대한 오래된 사고를 변화시켰다.

사람들은 가스등이나 아크등이 지닌 한계에서 벗어나기 위해 간단하고 실용적인 전기 발전기나 전등이 필요하다고 생각하게 되었다. 기록에 따르면 19세기 중반에 여러 나라의 많은 발명가들이 다양한 형태의 전구들을 발명했다. 그중 인공조명에 대한 다양한 기사들을 접한 토머스 에디슨(Thomas Alva Edison, 1847~1931)은 처음에 전구에 대해 큰 관심을 보이지 않았다. 그러나 에디슨은 '상업적 유용성'에 관심이 많아 '이것이 산업적 관점에서 유용한가?' 혹은 '지금 현재 상태보다 더 좋은 상태로 만들 수 있는가?'를 고민했고, "모든 가정에서 전기를 쓸 수 있도록 해야겠다."는 결론을 얻었다.

당시 전구의 가장 큰 문제점은 빛을 내는 필라멘트가 용기 속의 공기와 반응하면서 타 버리는 것이었다. 예를 들어 용융점이 높은 백금은 불이 붙지는 않았지만 너무 뜨거워 녹아 버렸고 탄소는 용융되지 않으면서 부분 진공 상태에서 계속 발화했다. 이 문제를 해결하기 위해 에디슨과 그의 동료들은 13개월 동안 가장 좋은 필라멘트의 재료를 구하기 위해 전 세계에서 수집한 6,000여 가지의 재료들을 시험하는 등 모든 가능성을 연구했다.

1877년과 1879년에 탄소를 여러 번 실험한 끝에 드디어 에디슨은 탄소 필라멘트를 사용한 고진공 전구를 개발했다. 그러나 당시 에디슨이 발명한 것은 불과 한두 시간 정도 지속되는 전구였다. 에디슨은 여러 번의 시도 끝에 전구 안의 진공이 크면 클수록 필라멘트가 더 잘 탄다는 사실을 발견하고 이상적으로 오래 타는 필라멘트, 적당한 모양의 유리, 유리 내에 주입할 완벽한 가스체를 찾기 위한 연구에 몰두했다.

1880년 10월, 에디슨은 대나무 부채에서 뜯어낸 일본 대나무를 태워 만든 필라멘트가 14시간 반 동안 연소한다는 것을 알아냈다. 그해 11월 에디슨은 공기를 대부분 제거한 배 모양 전구 안에서 빛나는 탄화 무명실로 된 말굽 모양의 필라멘트에 대한 전구 특허를 신청했다. 그의 동료 중 한 명은 이 필라멘트에서 발하는 빛에 대해 "그 빛은 어느 누가 예상한 것보다 훨씬 더 많은 것을 의미하기 때문에 세상에 알려지면 큰 센세이션을 일으킬 겁니다."라고 말했다.

자연학, 곤충과 함께 발전하다

새로운 5만 원권 화폐의 주인공은 현모양처 신사임당(申師任堂, 1504~1551)이다. 신사임당은 우리나라의 대표적인 여류화가로 동양화와 산수화 등에 뛰어났는데 그 가운데 풀과 벌레가 어우러진 초충도(草蟲圖)의 대가로 알려져 있다.

신사임당의 초충도는 자연물을 소재로 했지만 그 속에 우주의 생명을 그렸다는 평가를 받는다. 예를 들어 수박 하나가 아니라 수박 밭을 그렸고, 또한 그것에 그치지 않고 우주 속의 수박을 그렸다는 것이다. 이는 동양화가 단순한 사실 묘사를 넘어서 자연물에 숨겨진 것들 혹은 상징물을 그린 것으로 해석되는 것과 일맥상통한다.

신사임당의 〈수박과 들쥐〉라는 작품에는 수박, 들쥐, 나비, 패랭이꽃, 나방 등 여러 식물과 곤충들이 어우러져 있다. 수박이 놓여 있는 땅 주변에는 화초와 곤충들이 있고 들쥐가 수박을 갉아먹고 있다. 특히 들쥐 두 마리가 수박의 아랫부분을 파먹은 모습은 해학적이다. 또한 수박과 들쥐의 크기 비례가 맞지 않아 들쥐의 모습이 더욱 도드라져 익살맞게 보인다.

16세기 초 사대부 부녀자로서 덕행과 재능을 겸비했던 신사임당은 일상에서 볼 수 있는 식물과 동물을 계절에 따라 느낄 수 있는 운치와 함께 아름답게 표현한 작품들을 남겼다.

다른 시대, 다른 지역에 살았던 독일의 마리아 지빌라 메리안(Maria Sibylla Merian, 1647~1717)도 곤충과 식물들의 모습을 그린 것으로 유명하다. 메리안이 그린 동식물 세계의 모습은 어떤 모습을 담고 있는지 한번 살펴보자.

◉ 〈수박과 들쥐〉, 신사임당, 16세기 초.

누에, 곤충 그리고 그림

18세기의 화가이자 동판화 화가였으며 동시에 자연연구가로 알려진 마리아 지빌라 메리안은 당시 척박한 도시 풍경을 정확하게 묘사한 동판화 화가이자 출판업자인 마태우스 메리안의 집안에서 태어났다. 메리안이 세 살이 되던 해에 아버지가 갑작스럽게 세상을 떠나면서 그의 어머니는 꽃을 그리던 정물화가인 야콥 마렐과 재혼했다. 어린 시절이 불우했던 메리안에게 관심을 갖는 사람들은 그다지 많지 않았다. 다만 무슨 일에든 호기심이 많았던 메리안은 그림을 그리고 출판 활동에 여념이 없는 사람들을 보며 금세 그림의 세계에 빠져 들었다.

어린 나이였지만 외롭고 단조로운 나날을 보내는 동안 메리안은 혼자 야외로 나가 작은 곤충들을 관찰했고, 다락방에서 꽃, 벌, 나비 등 갖가지 곤충을

그리기 시작했다. 특히 메리안은 열세 살이 되던 1660년에 처음으로 누에와 몇 장의 뽕나무 잎을 집으로 가져와 누에가 나비로 변하는 과정을 유심히 관찰하고 그 과정을 자세히 그렸다.

관찰력이 뛰어났던 메리안은 누에가 나비가 되는 과정에서 새로운 과학적 사실들을 발견하기도 했다. 번데기는 안쪽부터 없어져 빈껍데기만 남고, 색채에 따라 나비의 암컷과 수컷이 구분 가능하고, 나비의 색깔에 따라 활동 방식이 다르다는 것이다. 보기 흉한 단조로운 형태의 나비들은 밤에 활동하는 반면 화려한 색깔을 지닌 나비들은 낮에 활동했다. 메리안은 "자연 연구라는 평생 직업의 기초가 된 해는 1660년이다."라는 말을 남겼다. 꽃, 풀, 벌레 등 자연을 어린 시절부터 본격적으로 연구하기 시작한 것이다.

그러나 당시 사람들은 곤충을 가까이에서 접하는 사람들을 '악마의 세계에 속한 자'로 간주했던 까닭에 곤충과 벌레에 대한 연구는 거의 이루어지지 않았다. 1670년에 들어서야 누에에 관한 체계적인 연구가 시작되었으나 여전히 많은 사람들이 냄새나고 청결하지 않은 장소에서 생기는 애벌레, 구더기, 파리 속에 작은 악마가 있다는 미신이나 아리스토텔레스의 자연발생설을 믿었다. 물론 1671년에 자연과학자 프란체스코 레디(Francesco Redi, 1621~1697)가 애벌레와 구더기가 진흙과 오물에 묻어 있던 작은 알에서 생긴다는 것을 알아냈지만 이러한 생각이 널리 알려지기까지는 오랜 세월이 걸렸다.

이러한 까닭에 메리안의 어머니는 누에의 생활에 관심을 보이는 딸에게 예절이나 조신한 여성이 되기 위한 방법들을 엄격하게 가르쳤다. 메리안도 특정한 단체에 소속되지 않고 대학에도 가지 않은 채 오직 독학으로 곤충을 연구했다. 당시 사람들은 애벌레와 나비를 다른 종의 생물로 간주하고 있었는데 메리안은 그러한 생각을 부정하고 곤충의 변태 과정을 한 장의 그림으로 표현했다. 즉, 오늘날 도감에서 흔히 볼 수 있는 한 장의 그림에 곤충의 먹이인 화초, 알, 유충, 번데기, 성충 등을 함께 묘사하여 곤충의 일생을 보여 주는 방법을 시도한 것이다.

수리남 곤충, 그리고 자연학

　　결혼한 여자에게만 완전한 시민권을 부여하는 시대에 살았던 메리안은 열여덟 살이 되던 해에 부모님의 권유에 따라 결혼을 했다. 물론 결혼했다고 해서 예전 생활에서 멀어진 것은 아니었다. 메리안은 집에서 여성들을 모아 그림과 자수를 가르치며 여러 권의 책을 출간했다. 스물여덟 살이 되던 1675년에 다수의 꽃을 그린 꽃 그림책을 출간했고, 누에가 나비로 탈바꿈하기 위해 번데기로 변하는 과정을 연구하여 1679년과 1683년에 100종이 넘는 곤충의 변태 과정을 그린 연구서를 세상에 내놓았다.

　　메리안은 『곤충 그림책』에서 곤충의 내장보다 외양에, 분류보다 곤충의 행동에 역점을 두었고, 어떤 나비가 어떤 꽃으로 몰리는지, 벌이 어떻게 꽃잎에서 꿀을 빨아들이는지에 관해 많은 분량을 할애해 기술했다. 프랑스의 박물학자 뷔퐁이 『박물지』에서 동식물에 관해 아름다운 문장으로 묘사했듯이 메리안도 시적 표현과 비유를 많이 사용했고, 회화 예술의 모든 기법을 동원하여 곤충의 변태를 설명했다. 이는 메리안의 한계라기보다 18세기 초까지 널리 수용되고 있던 과학 서적의 문제이기도 했다.

　　메리안은 1685년에 당시 널리 퍼져 있던 관례에 따라 속세와 인연을 끊고 수도원에서 은둔 생활을 하면서 조금씩 곤충을 연구했다. 그러다가 암스테르담에서 새로운 생활을 시작하며 수강생을 대상으로 그림 교실을 열고, 곤충화, 식물화, 직물 회화 그리고 과학 서적의 일러스트 등을 주문 받아 제작했다. 물론 도시에서 곤충을 구하는 것이 어려웠기 때문에 메리안은 직접 곤충을 사육하거나 식물원 등을 방문하며 새로운 지식을 늘려 나갔다.

　　당시 그녀에게는 든든한 후원자들이 있었는데 그중 가장 특기할 만한 사람

◉ 메리안의 저서 『수리남 곤충의 변태』에 수록된 그림들.

은 레벤후크다. 당시 아마추어 현미경 학자로 알려져 있던 레벤후크는 절대로 자신의 현미경을 남에게 빌려 주지 않는 것으로 유명했다. 메리안이 그의 마음에 들었는지, 레벤후크는 메리안에게 곤충의 겹눈을 관찰할 수 있도록 현미경을 빌려 주었다고 한다. 레벤후크는 제대로 교육을 받지 못했다는 이유로, 메리안은 여성이라는 이유에서 아웃사이더로 지냈던 까닭에 그들이 상대방의 입장을 이해하고 공감했다는 이야기도 있다.

메리안은 이미 존경받는 예술가이자 자립적인 여성으로 이름을 알렸지만 1699년인 그의 나이 쉰둘에 딸과 함께 당시 네덜란드의 식민지였던 남아메리카의 수리남(현재 남아메리카에 있는 수리남 공화국)으로 여행을 떠났다. 교통수단이 발달한 오늘날에도 수리남은 유럽에서 가기에는 먼 곳이다. 당시 주변 사람들의 반대에도 불구하고, 노년에 접어든 메리안은 후원금을 받기 위한 오랜 노력 끝에 수리남 여행을 시도했다.

이는 단순히 개인적인 여행이 아니었고 동인도 회사의 지원 아래 이루어진 메리안 일가 전체의 대규모 프로젝트였다. 또한 비전문가로부터 단편적인 정보밖에 얻지 못했던 열대 곤충의 생태를 학문적으로 연구하는 기회이자 수리남 곤충을 대상으로 대규모 작품을 제작하여 수집품을 전시하고 판매하여 돈을 벌고자 했던 상업적 활동이었다.

메리안은 하루하루 생사의 기로를 넘나들며 3개월이 넘는 긴 여행과 혹독한 환경을 견뎌 내면서 수리남에 도착하여 만 2년 동안 정글을 헤매고 곤충을 찾아다니며 연구 활동과 스케치에 몰두했고 갖가지 표본들을 수집했다. 이후 암스테르담으로 돌아온 그녀는 그곳에서 가져온 표본들을 전시하여 센세이션을 일으켰다. 전시 이후에도 그녀는 꼬박 3년에 이르는 작업 끝에 1705년에 수리남에서 관찰한 곤충의 변태(變態)를 글과 그림으로 남긴 『수리남 곤충의 변태』를 출간했는데, 그 책은 대담한 묘사, 구성력, 색깔 등에서 '뒤러의 목판화에 비견할 만한 걸작'이라는 평가를 받았다.

자연에 도전장을 던지다

1688년 여름 어느 날, 베르사이유 궁전의 공원에는 수많은 분수들의 물줄기가 거품을 내뿜으며 주변 화단으로 흩어지고 있었다. 태양왕 루이 14세의 궁전을 방문하는 영주들과 정치적 목적으로 오는 대사나 공사들을 위한, 아무리 퍼도 마르지 않는 물의 장관이요 환영의 인사였다. 이 행사의 주인공은 바로 네덜란드에서 온 식물학 분야의 권위자인 폴 헤르만(Paul Hermann, 1646~1695)이었다.

대학에서 의학을 공부한 헤르만은 의사로서 동인도 회사 직원들의 건강을 돌본다는 명분 아래 스리랑카와 희망봉에서 생활했다. 어떤 식물학자들도 남쪽 끝 봉우리에 오른 일이 없었는데, 헤르만은 그곳에 펼쳐져 있는 이상한 식물들을 보았다. 진기한 아니 유일무이한 다즙 식물들, 완전히 다른 세상에서 나온 듯한 두꺼운 잎의 식물들, 초원에 펼쳐진 글라디올러스나 백합 그리고 밝은 색깔의 양파 식물들 등 그 어떤 것과도 비교할 수 없는 다양한 식물들이 서식하고 있었다.

   헤르만은 일부 식물들의 씨를 모으고 휘묻이를 하고 뿌리와 덩이줄기를 파
내어 800여 종의 새로운 식물을 모았다. 이 중 일부는 유럽으로 보내며 '어떤
식물이 유럽에서 적응할 수 있을까?' 하는 고민에 빠져들곤 했다. 몇 년 후
헤르만은 유럽의 학자들과 식물 애호가들에게도 알려졌고, 베르사이유 정원
을 꾸미는 데 중요한 역할을 하여 루이 14세의 환영을 받게 되었다.

분류학의 발달

   '동물학의 아버지'로 불리는 아리스토텔레스는 생물의 종류는 절대 변화
하지 않는다고 말했다. 아리스토텔레스의 주장에 따라 기독교에서는 모든 생

물은 신이 창조한 것이고 신이 만든 그대로 번식
할 뿐이라고 생각했다. 이는 생물들 사이에 생물
학적 큰 변화가 일어나지 않는다는 정적인 관점이
었고, 이러한 생각 속에 자연계의 지식을 체계적
으로 분류하는 작업이 시작되었다.

◉ 스웨덴의 식물학자 린네.

스웨덴의 식물학자 린네(Carl Von Linne, 1707~
1778)는 원예를 좋아하는 아버지의 영향으로 어려
서부터 각종 식물과 곤충 채집을 즐겼으며 어릴 적
아버지한테 선물받은 아리스토텔레스의 『동물지』
를 읽으며 동물학에 대한 지식의 폭을 넓혀 나갔
다. 이후 린네는 대학에서 의학과 과학을 공부한 후 자연사와 식물에 대한 관
심에서 식물학을 배우며 식물학자로 성장했다.

16세기 후반 현미경이 발명되고 17세기 중반 현미경의 실용화가 이루어지
면서 세포 및 미생물의 발견, 해부학의 발달 등 생물학적 지식이 증가했다.
생물학자들은 당시의 사회적 · 문화적 배경에 따라 갑작스럽게 증가한 자연
계에 대한 지식을 체계적으로 배열하고 정리할 필요성을 느꼈다. 더욱이 린
네가 활약했던 18세기에 유럽의 근대화가 시작되면서 세계 각지에서 수집한
동식물이 기하급수적으로 늘어났다.

18세기에 이르러 종과 종 사이의 경계는 엄격하다고 믿는 학자들을 중심으
로 분류학이 발달했다. 18세기 이전의 분류학이 생물의 특성을 발견하고 각
각의 구조에 이름을 붙이는 외형적 접근이었다면, 18세기의 분류학은 린네를
중심으로 더 체계적인 방법으로 각 생물들의 특성에 따라 분류하는 작업이었
다. 특히 린네는 빠른 속도로 증가하는 동식물에 대한 지식을 어떻게 처리할

까 고민한 끝에 생물의 세계에 새로운 이름을 부여했다.

린네는 1732년에 웁살라 과학협회의 지원으로 5개월 동안 북극권 라플란드 지방의 식물 조사에 참여했다. 이외에 수년에 걸쳐서 영국을 포함한 많은 나라들을 방문하고 수많은 동식물들을 관찰한 끝에, 1735년에 12쪽 분량의 『자연의 체계』를 출간했다. 그는 그 책에서 새로운 종을 새로운 시각에서 설명하는 새로운 분류법으로 동물, 식물, 광물을 구분했다. 이후 린네는 1737년에 『비판적 식물학』을 통해 새로운 명명법인 이명법(二名法)을 주장했고, 1751년에 『식물학 철학』이라는 책에서 세계의 동식물 표본 목록을 작성했다.

린네는 『자연의 체계』에서 식물의 성(性)을 토대로 식물을 분류했고 다양한 기준으로 동물을 분류했으며 외적인 특징을 기준으로 광석과 광물을 나눴다. 린네는 모든 종을 가장 큰 것에서 시작해 가장 작은 것으로 끝나는 엄격한 서열 구조로 체계화했다. 또한 상호 교배가 가능하고 유사성을 가진 개체의 모임인 '종'을 분류의 기본 단위로 삼고 유사성의 정도에 따라 동식물을 '종, 속, 과, 목, 강, 문, 계'로 분류했다.

자연의 크기를 측정하다

헤르만이 살아 있는 동안 국제 학술계는 그가 성취한 광대한 표본 수집의 학술적 작업을 기대했지만 그 바람은 이루어지지 않았다. 헤르만은 죽기 두 달 전에 친구에게 보낸 편지에서 "나는 사실 너무 많은 잡무에 치여서 내가 맨 먼저 뭘 해야 하고 그 다음에 뭘 해야 할지 모를 정도로 혼란에 빠져 있었다."고 한탄하고 있다. 그가 이룬 성과라면 오랫동안 생활했던 네덜란드 라이덴 식물원에 소장된 '보존 품목 도록'이 유일하다. 살아생전에 출간하고자 했던 대형 표본 카탈로그는 그의 부인이 프로이센 왕에게 팔아 버려 뜻을 이루지 못했다.

없어진 표본들은 다섯 권의 대형 책자로 만들어져 수십 년이 지나 코펜하겐 왕립박물관에 다시 나타났다. 물론 오늘날까지 그것이 어떻게 그곳으로 갔는지는 알려져 있지 않다. 소문에 따르면, 그 후 그 표본들은 1745년에 여러 경로를 통해 다음과 같은 편지와 함께 린네에게 전해졌다고 한다.

"이 식물들을 누가 수집한 것인지, 인도의 어느 지역에서 수집한 것인지 모르지만, 이름도 모르는 이 식물들의 이름이나마 제대로 표시할 수 있기 위해 보낸다."

식물의 세계를 폭넓게 연구하기 원했던 린네는 이국의 식물에도 관심이 많아서 헤르만의 표본들로 식물이 지닌 성기의 수를 기준으로 자신의 새로운 식물 체계에 따라 분류 작업을 했다. 먼저 린네는 코펜하겐에서 보내온 자료들을 헤르만 사후인 1717년에 출간된 『세일론 박물관』이라는 71쪽짜리 도록과 비교했다.

린네는 2년 동안 657개의 표본 자료들을 자세히 묘사하고, 속에 따라 분류하고 정리하여 『세일론 박물관』에 실린 것과 비교한 후 공통점 및 차이점을 자세히 기록했다. 마침내 린네는 헤르만의 수집품에 근거하여 1747년에 열대 식물계에 대한 기록집 『세일론 박물관』을 발표했다. 이때 발표된 글에서 식물들은 당시 널리 쓰이던 서술적인 라틴 어 이름으로 설명되고 있다.

18세기 중엽만 해도 동식물의 이름에 대한 분류 체계가 뚜렷하지 않아서 그 이름은 나라마다 달랐다. 이러한 상황에서 린네는 1751년에 발표한 『식물학 철학』에서 헤르만이 발견한 모든 식물들의 종을 설명했고 1753년 식물 종부터 단어 두 개만을 사용하는 이명법을 이용해 이름을 지었다. 이명법은 종의 학명(學名)을 붙일 때 라틴 어로 속명과 종명을 조합해 나타내는 속명에 고유명사, 종명에 보통명사 또는 형용사를 넣었다. 이때 속명의 첫 글자는 대문자를, 종명은 소문자를 써야 하고 언어는 라틴 어라야만 했다. 예를 들어 인간의 경우 속명은 '호모', 종명은 '사피엔스'였다. 그 뒤에 명명자의 이름을 쓰는데, 오늘날 이름 다수에 '린네'를 뜻하는 접미어 'L'이 붙어 있다.

이후 린네는 갑작스럽게 증가하는 새로운 종을 분류하여 1735년에 초판 12쪽이었던 『자연의 체계』를, 1766년에 발간한 12판에서 1만 5,000여 종의 생물을 포괄하는 2,300페이지의 방대한 서적으로 새롭게 체계화했다. 린네는 지속적으로 자신의 분류 체계를 확장시켜 8,000종 이상의 식물과 828종의 패류, 2,100종의 곤충, 477종의 어류, 그리고 많은 새와 포유류를 포함하여 4,400종이 넘는 동물을 분류했다. 이러한 린네의 분류 체계는 지금까지 자연계의 계통 확립과 이해에 유용한 과학적인 도구로 널리 활용되고 있다.

린네는 "사물의 이름을 모른다면, 그것에 대한 지식도 잃어버릴 것이다."라고 말했다. 이러한 필요성에서 만들어진 린네의 이명법은 동식물을 나누는 데 매우 간단하면도 과학적이었기 때문에 발표되자마자 학계의 인정을 받았고, 이후 모든 식물학자들이 그 방법을 도입해 지금까지 사용하고 있다. 린네는 이미 있었던 분류법을 개량해 자신만의 새로운 분류법을 제시하여 식물의 계통적 연구에서 뛰어난 개척자가 된 것이다.

모든 생물의 기원을 밝히다

어느 날 황량한 사막 한가운데에 생명의 씨앗을 담은 운석 하나가 떨어졌다. 이 운석 안에 녹아 있던 액체에서 단세포생물이 발생했고 이 단세포생물은 놀랍게도 단 며칠 만에 진화에 진화를 거듭해 공룡과 비슷한 생물체가 되고 말았다. 영화 〈에볼루션〉의 한 대목이다.

영화에서는 학문보다 다른 일에 정신이 팔린 지질학 교수, 모든 학생에게 A학점을 주는 무성의한 생물학 교수, 늘 시험에서 미끄러지는 소방관 지망생, 아무 곳에서나 넘어지는 어리바리 생물학자, 이들이 지구를 정복하려고 하는 외계 생물체에 대항하는 웃지 못하는 광경이 펼쳐진다. 얼떨결에 지구를 구하기 위해 한 팀이 된 네 명의 조사단. 그러나 그들의 모습은 미덥지 않다.

생각보다 더 빠르게 진화와 번식을 거듭한 외계 생물체는 곧 본색을 드러내어 대형 쇼핑몰과 연구소를 습격하고 마침내 그 일대를 위기에 빠뜨린다. 네 명의 조사단은 의기투합하여 이에 맞서지만 외계 생물체는 무서운 속도로 진화와 번식을 거듭한다. 영화 속 외계 생물체는 도대체 어떻게 진화한 것일

● 영화 〈에볼루션(Evolution)〉.

까? 이 생물들이 진화하는 모습은 우리가 알고 있는 것과 같을까? 그러나 영화 속 생물체는 진화를 하긴 하지만 뚜렷한 진화의 메커니즘이 존재하는 것 같지는 않다.

자연의 순리에 따라 무척추동물에서 척추동물로, 파충류에서 포유류로 진화하지 않는 외계 생물체를 보고, 순간 "이 엉터리 할리우드 SF 영화야!" 하고 말하고 싶지만 적당한 특수 효과를 써서 외계 생물체를 만드는 영화의 한계라고 할 수밖에 없다. 그렇다면 생물의 진화는 어떻게 이루어지는 것일까?

전 세계 생물을 관찰하다

지구상의 대발견이 시작되면서 사람들은 수많은 새로운 생물을 관찰하고 수집함에 따라 폭넓은 생물학 지식을 얻을 수 있게 되었다. 그리고 곧 수많은 생물 중에서 종의 변화가 일어날 수도 있지 않을까 하는 의문이 시작되었다.

생물의 진화에 대한 이론을 확립한 찰스 다윈(Charles Robert Darwin, 1809~1882)은 어릴 적부터 식물, 광물, 조개껍질, 우표 등을 수집하거나 낯선 생물을 관찰하는 것에 관심이 많았다. 그는 케임브리지 대학에서 지질학과 식물학을 공부하다가 대학 졸업 후 새로운 진로를 고민하기 시작했다. 1831년 12월 27일, 스물두 살이었던 다윈은 남미와 남태평양 등의 수로를 조사하고 경도를 측정하기 위해 출항하는 영국 해군 측량선 비글호에 승선하게 되었다.

비글호 항해는 2년 예정이었지만 결국 5년이 걸렸다. 그 기간 동안 다윈은 리우데자네이루에서 비글 해협까지 남아메리카의 동부 해안 지방을 탐사한 후, 마젤란 해협을 돌아 칠레 남부와 중부를 거쳐 안데스 산맥을 넘었다. 또한 태평양에서 갈라파고스 제도, 타히티 섬, 뉴질랜드, 오스트레일리아 등을 차례로 방문한 뒤 1836년에 영국으로 돌아왔다.

◉ 찰스 다윈.

다윈은 항해 기간 동안 수많은 생물들을 관찰하고 동물, 물고기, 새, 곤충, 식물 등 표본을 가능한 많이 수집한 후 조심스럽게 포장하여 영국으로 보냈다. 그 과정에서 그는 동식물 표본들 대부분이 다른 곳에서 발견되지 않는 희귀하고 기이한 동식물이고 오직 한 곳에서만 사는 동식물의 비율이 높다는 것을 발견했다. 특히 다윈은 갈라파고스 제도의 동식물 종들이 가장 가까운 대륙인 남아메리카의 종들과 다를 뿐만 아니라 각 섬에 있는 동식물끼리도 다르다는 것을 알았다.

다윈은 날카로운 관찰력으로 항해 기간 내내 곤충류, 포유류, 조류, 어류, 갑각류, 바다에 사는 미생물, 파충류와 양서류 등 낯설고 신기한 수많은 동물의 습성과 생태적 특성 등을 항해기에 자세하게 기록했다. 예를 들어 그는 갈라파고스 제도에 대해 "검은 화산암, 잎 없는 관목, 커다란 선인장에 둘러싸인 거대한 파충류들이 있어서 꼭 원시시대를 보는 것 같다."고 기록했다. 1839년에 출간된 『비글호 항해기』는 그 기간 동안 관찰한 동식물에 대한 특징뿐만 아니라 지질이나 당시 사람들의 생활 및 사회상 등 방대한 이야기를 세심하게 수록하고 있어서 가장 위대한 과학 여행기로 평가받고 있다.

특히 다윈은 갈라파고스 제도의 새들을 보면서 종의 진화에 대해 많은 생각을 했다. 애초에 한 종류였을 핀치라는 조류는 오랜 세월을 거치는 동안 바닷새들을 찔러 피를 마실 수 있는 길고 날카로운 부리를 지닌 핀치, 씨를 깰 수 있는 짧고 두꺼운 부리를 가진 핀치, 자갈을 뒤집어 먹이를 찾을 수 있는 힘센 부리를 가진 핀치, 선인장을 쪼아 곤충을 찾을 수 있는 좁고 굽은 부리를 가진 핀치 등의 형태로 변화되었다.

다윈은 항해 동안 영국의 지질학자 라이엘(Charles Lyell, 1797~1875)의 『지질학의 원리』를 읽고 지구의 나이가 그렇게 길다면 그 긴 시간 동안에 다른 조건 속에 살게 된 동물은 그 조건에 따라 바뀌어 오랜 시간이 지나면 다른

종이 되는 것은 아닐까 생각했다. 항해에서 돌아온 다윈은 1837년 진화에 관한 첫 노트에 자연법칙이나 자연의 힘 중에 "변화하는 세계에 적합하도록 종을 변형시키는 것이 있다."고 기록했고 진화를 일으키는 원인 혹은 법칙이 무엇인지에 대해 고민하기 시작했다.

생물은 왜 진화할까

다윈은 도처에서 표본을 수집하여 의문을 풀어 나가기 시작했다. 1838년 가을 어느 날 그는 영국의 경제학자 토머스 맬서스(Thomas Robert Malthus, 1766~1834)의 『인구론』을 읽고 가장 중요한 요소를 확신하게 되었다. 그것은 바로 '생존경쟁'과 '자연선택'이었다. 맬서스는 런던을 비롯하여 여러 도시의 혼잡한 빈민가에서 사람들이 비참하게 사는 원인이 무엇인지 조사한 후 거의 모든 종들이 생존할 수 있는 것보다 훨씬 더 많은 자손을 남긴다는 것을 발견했다. 인구가 식량 공급보다 빨리 증가하므로 제한된 식량을 얻기 위해 생존경쟁이 치열해지고 그 경쟁 속에서 빠르고 강한 개체들이 살아남을 가능성이 크다는 것이다.

다윈은 『인구론』을 통해서 생존수단을 위해 필요한 생존경쟁에 공감하게 되었고 그 생각을 자신의 이론에 적용해 1838년에 자연선택에 의한 진화론을 주장했다. 그의 진화론에 따르면 생존경쟁에서 유리한 특징을 가진 개체가 살아남고 이 개체들은 자손에게 유리한 형질을 물려준다. 계속 세대가 흐르다 보면 단단한 부리를 지닌 핀치나 키가 좀 더 큰 삼나무는 먼저 변종이 되었다가 나중에 독립종이 된다. 즉, 다윈은 기후와 풍토 등 물리적 환경이

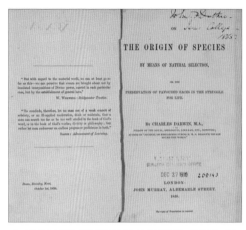

● 과학자들과 일반 대중 사이에 열띤 논쟁을 불러일으킨 『종의 기원』.

동일한 갈라파고스 군도의 여러 섬에서 서로 다른 동식물이 분포한 것을 '종들 사이에 일어나는 경쟁의 결과'로 나타난 자연선택이라고 보았다.

학자들에 따르면, 다윈은 1838년 말이 되자 진화 및 그 적용 과정인 자연선택에 대해 중요한 사항들을 어느 정도 정리했다고 한다. 지구의 역사는 수백만 년까지 거슬러 올라간다(라이엘), 종은 변할 수 있거나 변하기 쉽다(에라스무스 다윈 등), 집단은 부모 종과 격리되면 변이가 일어난다(갈라파고스의 새들), 생물의 형질은 자손에게 유전된다, 개체는 미묘한 변이를 지닌 채 태어난다, 삶은 경쟁이다(맬서스) 등이 그것이다. 여기에 자신의 이론인 '자연선택을 통해 신종이 진화한다'가 더해졌다.

다윈은 기독교와 논쟁을 피하기 위해 20여 년이 지나도록 발표를 미루고 있었으나 다른 자연학자가 종에 관해 연구하고 있다는 사실에 자극받아 1859년에 급히 『종의 기원』(다윈은 '변형된 자손'이라는 용어를 사용하다가 1872년 6판부터 '진화'라는 용어를 사용했다)을 출간했다. 『종의 기원』은 과학자들과 일반 대중 사이에 열띤 논쟁을 불러일으켰다. 특히 대다수의 성직자들은 이 책이 기독교의 세계관과 대치된다는 이유로 크게 반발했다.

뜨거운 감자로 떠오른 다윈의 진화론은 신학자들의 격렬한 반발에도 불구하고 다양한 분야에 많은 영향을 미쳤다. '생존경쟁', '적자생존' 등의 유행어가 생길 정도로 자연계와 마찬가지로 인간 사회도 생존경쟁이 지배한다는 생각을 널리 퍼뜨렸고 역사에서 사회도 진화론에 따라 발전한다는 '사회진화론'이라는 개념이 생겼다. 물론 오늘날까지 다윈의 진화론은 경제학, 인류학, 사회학 등 여러 분야에서 다양한 학설을 낳고 있다.

완두콩으로 유전을 설명하다

아프리카 초원의 왕 무파사의 아들 심바가 태어난다. 어린 심바는 아버지 무파사에게 자연의 법칙을 배우고 어린 암사자 날라와 즐거운 시간을 보낸다. 그러던 어느 날 평화로운 왕국에 어두운 그림자가 깔리면서 왕의 동생 스카가 하이에나들과 결탁하여 반역 음모를 꾸민다.

스카는 어린 심바를 이용하여 무파사를 살해하고 그 죄를 어린 심바에게 뒤집어씌운다. 아버지를 죽인 죄책감에 왕국에서 뛰쳐나온 심바는 사막에서 죽을 고비를 겪다 자신을 구해 준 티몬, 품바와 함께 살게 되고 고향을 그리워하며 하루하루를 보낸다.

이제 어엿한 어른 사자로 성장한 심바는 날라를 우연히 만난다. 날라는 심바에게 고향이 스카와 하이에나의 폭정으로 파괴되고 황무지로 변해 간다는 이야기를 전해 준다. 하지만 심바는 옛날 자신이 저지른 실수 때문에 돌아가기를 망설인다.

하지만 곧 심바는 자신의 내면에 있는 아버지의 모습을 발견하고 다시 고향으로 돌아간다. 죽은 무파사를 꼭 닮은 건장하고 용맹한 사자가 왕국에 들어서자 많은 동물이 놀라고, 왕국으로 돌아온 심바는 아버지의 가르침에 따라 스카와 하이에나 무리를 물리친다. 이후 심바는 질서와 평화를 회복한 왕국을 다스리는 진정한 왕으로 다시 태어난다.

◉ 영화 〈라이온킹(The Lion King)〉.

　영화 〈라이온킹〉에서 왕국으로 돌아오는 심바를 모두 알아본 것처럼, 심바는 태어날 때나 왕국으로 다시 돌아올 때 아버지 무파사와 닮은꼴이었다. 모두들 유전이 무엇인지는 알고 있지만, 멘델이 시도한 유전 법칙이 왜 과학적이고 체계적인지 구체적으로 아는 사람은 드물다. 지금부터 멘델이 완두콩을 가지고 연구했던 수도원으로 떠나 보자.

완두콩으로 실험을 하다

　고대부터 사람들은 어떤 사람은 엄마를 닮고 어떤 사람은 아빠를 닮으며 또 어떤 사람은 할아버지를 닮을까 하는 궁금증을 가지고 있었다. 고대 그리스에서 아리스토텔레스가 처음으로 어머니가 유전에서 중요한 역할을 한다고 주장했으나 그 대답은 과학적인 답변과 거리가 멀었다. 이 문제를 과학적으로 설명한 사람은 '유전학의 아버지'라고 불리는 멘델이다.

　그레고르 멘델(Gregor Johann Mendel, 1822~1884)은 체코의 모라비아 지방

● 오늘날 '유전학의 아버지' 라 불리는 멘델.

에서 태어나 박물학과 농학을 공부한 후에 1843년에 모라비아의 브르노에 있는 아우구스티누스 수도원에서 견습 수도사가 되었다. 당시 이 수도원은 다른 수도원과 마찬가지로 지성의 중심지였고, 수도원 안에 종묘원을 설치하여 유명한 포도나무 육종 연구소로 유명한 곳이었다. 이러한 배경이 멘델이 수준 높은 육종학을 공부할 수 있었던 중요한 요건이 되었다. 물론 멘델은 대학에서 철학, 도덕, 수학, 물리학 등 여러 학문을 배웠을 뿐만 아니라 수도원에서 철학자, 수학자, 식물학자 등 전문적 지식을 갖춘 수도사들과 교류하며 지식의 폭을 넓혀 나갔다.

멘델은 수도원에서 교사로 일하며 1854년부터 1863년까지 무려 10년 동안 완두콩을 이용하여 당시 다른 사람들이 했던 것과 같은 종류의 실험을 했다. 그는 '형질이 한 세대에서 다른 세대로 어떻게 전해지는가를 정확하게 알아내는 것' 을 목적으로 실험 온실에서 완두(Pisum) 속에 속하는 여러 품종의 콩을 대상으로 실험을 했다. 특히 완두는 순종과 잡종이 확실하게 구별 가능하고, 교차 수분을 쉽게 막을 수 있고 정원이나 온실에서 모두 잘 자라는 이점이 있었다.

멘델은 완두콩 실험에서 두 가지 접근법을 시도했다. 하나는 생물의 모양이나 크기 등 각각의 형질이 몇 세대를 거쳐도 변하지 않는다고 가정하는 것이었고, 다른 하나는 여러 세대 동안 형질이 바뀌지 않고 존속되는 불변성 잡종들과 부모의 형질이 어떤 세대에서 바뀌는 가변성 잡종들을 구별하는 것이었다. 이 방법은 멘델이 처음으로 시도하는 것이었다.

멘델은 대립형질(서로 상대적인 관계에 있는 성질, 우성과 열성)을 가진 완두를 가지고 실험을 했는데 그중 일부의 실험은 변하지 않는 순종을 대상으로 이루어졌다. 특히 꽃이 줄기에 붙은 위치, 줄기의 길이 차이, 익지 않은 꼬투리의 모양과 색깔, 익은 완두콩의 모양과 색깔, 꽃의 색깔 등 일곱 가지 형질을 연구했다. 그중에서 원형 모양과 주름진 모양을 가진 완두콩의 모양에 대한 연구는 널리 알려져 있다.

멘델은 씨의 모양을 결정하는 두 가지 인자를 제안하고, 순종 원형의 완두(AA: 두 개의 우성 형질을 갖는 경우)를 순종 주름진 형의 완두(aa: 두 개의 열성 형질을 갖는 경우)와 교배시켜 잡종 F1(자손 1세대) 세대에서 모두 원형(Aa: 한 개의 우성 형질과 한 개의 열성 형질을 갖는 경우)을 얻었다. 멘델은 F1 세대에서 나타나는 형질을 '우성(優性, 대문자 표기)'이라고 부르고 나타나지 않는 형질을 '열성(劣

性, 소문자 표기)'이라고 불렀다.

이후 멘델은 F1 세대를 다시 교배했는데 그 결과 F2 세대에서 나온 원형 완두(AA 및 Aa)와 주름진 형의 완두(aa)의 비율은 대략 3:1이었다. 멘델은 다른 형질의 유전을 알아보기 위해 이와 비슷한 방법으로 각기 다른 여섯 종류의 실험을 했다.

유전의 법칙을 발견하다

멘델은 1865년에 이 같은 실험 결과를 오늘날 '멘델의 유전 법칙'이라고 알려져 있는 식물의 잡종에 대한 연구 논문에 발표했다. 이는 사실 당시 발표되었던 연구 논문과 크게 다르지 않았다. 멘델은 당시 생리학과 세포학의 대가이자 빈 대학의 식물학자인 프란츠 웅거(Franz Unger, 1800~1870) 교수에게서 생물학을 배웠다. 웅거에 따르면 잡종(F1 세대)을 만들기 위해 두 개의 식물을 교배하면 다음 세대에 획일적인 한 가지 종류의 식물이 생산되고, 잡종 F1 세대를 서로 교배하여 나온 F2 세대에서 원래 제일 처음에 교배했던 두 종의 형질이 다시 나온다는 것이다.

웅거 교수의 연구와 멘델의 연구의 차이라면, 멘델은 연구 결과를 설명하는 데 수학적 분석을 시도했다는 것이다. 이전의 실험자들은 하나의 개체에서 나오는 여러 형질을 나누어 관찰하지 않고 전체적으로 그 특성을 관찰했기 때문에, 부모의 형질이 자손 대에 '혼합된다'는 식으로 설명했을 뿐 수량 비율에 대해 언급하지 않았다. 반면에 멘델은 여러 형질들을 독립적으로 다루고 그 결론을 기술하기 위해 수학적 분석을 시도했다. 이는 멘델이 빈 대학

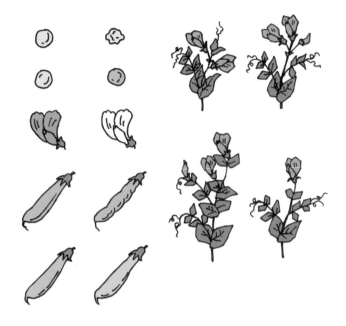

에서 여러 과목 중에서 기상학의 통계적 원리와 조합이나 순열로 이루어진
조합적 분석을 수강했던 영향으로 해석되고 있다.

멘델의 발견을 정리해 보면, 먼저 '우열의 법칙'이 있다. 이는 대립 형질의
순종을 가진 양친(AA, aa) 사이에서 생긴 잡종 1세대(F1:Aa)에서 우성이 열성
을 누르고 우성 형질만 나타나는 유전 현상이다. 다음으로 '분리의 법칙'에
따르면 F1 세대를 다시 교배하여 생긴 F2 세대는 원형 완두콩과 주름진 완두
콩, 즉 표현형(유전자가 겉으로 나타나는 모습)의 비가 3:1이 된다.

마지막으로 이를테면 머리카락 색을 결정하는 인자와 눈의 색깔을 결정하
는 인자는 서로 독립적으로 유전된다는 것으로, 유전자들은 서로에게 영향을
주지 않고 독립적으로 유전된다는 '독립의 법칙'이 있다. 이 법칙은 20세기
에 초파리 연구로 유명한 토머스 모건(Thomas Hunt Morgan, 1866~1945)이 연
관 현상(두 개 이상의 유전자가 같은 염색체상에 가깝게 위치할 때 일어날 수 있는 현상)

을 발견하면서 수정되었다.

멘델의 주장은 브르노의 박물학자들을 납득시키기에 충분했지만, 논문 발표 이후 그의 연구 결과는 오랫동안 잊혀졌다. 멘델의 논문을 직접 받은 것으로 알려진 다윈조차 멘델의 논문에 대해 전혀 주의를 기울이지 않았다고 한다. 연구자들의 이러한 무관심에 대해, 멘델이 당시 사람들에게 익숙하지 않았던 통계학의 방법을 도입했기 때문이라는 주장도 있다.

이후 1900년에 드프리스(Hugo de Fries), 체르마크(Erich von Tschermack), 코렌스(Carl Correns), 세 사람이 거의 동시에 멘델의 논문을 재발견하는 기이한 일이 벌어졌다. 이들 세 사람은 서로 모르는 상태에서 멘델의 법칙을 재발견하여 자신의 연구물을 출간했는데 이 연구물은 모두 멘델의 법칙과 같은 실험 결과를 보여 주었다. 이 일을 계기로 사후에 멘델은 현대 유전학의 창시자라는 이름을 얻었다.

③② 미생물은 자연적으로 발생하지 않는다

　　파리 하면 거대하고 웅장한 문화재뿐만 아니라 500미터에 걸쳐 설치되어 있는 하수도로 유명하다. 빅토르 위고의 소설 『레미제라블』에서 주인공 장발장은 1830년 7월 혁명으로 탄생한 왕정에 반대하는 반란에 가담한 마리우스를 등에 업고 파리의 하수도로 도망쳐 들어온다.

　　뮤지컬 『레미제라블』에서 장발장은 이 순간을 "냄새가 고약해, 숨통이 막혀, 하수도의 새앙쥐는 행복도 하지, 얼마나 좋은 냄새야!"라는 말로 하수도 속 세상을 적나라하게 표현하고 있다. 그곳은 시궁창 같은 유독 가스와 오물로 가득했다.

　　이렇게 축축하고 냄새나는 하수도는 오늘날 박물관으로 탈바꿈하여 '하수도 박물관'으로 운영되고 있다. 다른 어느 나라보다 하수도 시설이 근대화된 파리를 찾은 관광객뿐만 아니라 과학을 사랑하는 많은 사람들이 하수도 박물관에 방문하여 파리의 하수도에 대한 역사뿐만 아니라 과학 유품, 하수 처리가 일어나는 과정들을 세심하게 전시한 전시물을 관람하고 있다.

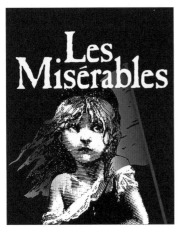

● 빅토르 위고의 『레미제라블』.

더럽고 불결한 곳으로 느껴지는 하수도만큼 미생물이 살기에 좋은 천국도 없다. 물론 유해한 미생물에서 '환경 해결사' 역할을 하는 무해한 미생물까지 말이다. 미생물의 세계를 연구하는 사람들은 한번쯤은 하수도가 아니더라도 그와 유사한 곳들을 관찰하며 미생물의 세계에 푹 빠져들어 본 적이 있을 것이다. 과연 미생물은 어떻게 태어났을까?

프란체스코 레디의 자연발생설

18세기에서 19세기까지는 자연계에서 미생물이 저절로 생겨난다는 자연발생설이 여전히 주류 학설이었지만 미생물은 자연적으로 생겨나는 것이 아니라 아무리 하등한 생물이라도 작은 생물체에서 발생한다는 목소리도 컸다.

당시 많은 사람들이 자연발생설을 비판했지만 결정적인 증거를 제시하지 못한다는 사실에 흥미를 느낀 사람이 있었다. 이탈리아의 생물학자인 프란체스코 레디(Francesco Redi, 1621~1697)는 1668년에 고기 속의 구더기가 어떻게 발생하는지 알아보기 위해 실험을 했다. 그의 실험에서 특기할 만한 점은 모든 조건을 동일하게 하고 관찰하고 싶은 조건만을 다르게 하여 관찰하는 '대조 실험'을 최초로 시도했다는 것이다.

먼저 레디는 뚜껑을 열어 놓은 그릇에 고기를 담고 며칠이 지난 뒤 그 그릇에서 구더기가 발생하는 것을 발견했다. 이후 레디는 다시 두 개의 그릇을 준

비하여 두 개의 그릇에 각각 고기를 넣었다. 이때 한쪽은 파리가 그릇으로 들어갈 수 없도록 거즈로 덮고, 다른 한쪽은 그대로 열어 놓았다. 며칠 후 살펴보니 거즈로 덮지 않고 그대로 둔 곳에서만 구더기가 발생했다. 이 실험은 오늘날에 실험에서 중시하는 대조군 설정을 시도한 대표적 사례로서 '모든 생물은 생물에서 발생한다.'라는 생물속생설을 보여 주는 근거가 되었다.

그러나 당시 사람들은 내장의 기생충이나 식물의 충영(식물의 줄기, 잎, 뿌리에서 볼 수 있는 혹 모양의 팽팽한 부분)에 사는 벌레들이 어떻게 발생하고 왜 발생하는지 설명하지 못했기 때문에, 레디의 발견이 다른 모든 생물에 똑같이 적용된다고 확신하지 않았다. 이때 현미경으로 미생물의 세계를 발견한 레벤후크조차 국물이나 우유에서 미생물을 관찰한 후 미생물의 자연발생설을 믿고 있었다.

당시 많은 학자들은 자연발생설을 놓고 치열한 논쟁을 벌였는데 이런 팽팽한 논쟁은 새로운 사실을 발견하는 견인차 노릇을 했다. 그중 영국의 생화학자 니덤(John Turberville Needham, 1713~1781)은 1745년 실험에서 고기 국물을 시험관에 넣고 코르크 마개로 막은 후 시험관을 가열하고 그대로 두었다. 얼마간의 시간이 흐른 뒤 끓인 고기 국물 속에서 많은 미생물들이 발생하는 것을 보고 난 후 "큰 생물들은 자연적으로 발생하지만 미생물만은 자연적으로 발생한다."고 주장했다.

이러한 니덤의 주장에 반기를 든 이탈리아의 스팔란차니(Lazzaro Spallanzani, 1729~1799)는 1765년에 니덤과 비슷한 실험을 한 후, 니덤의 실험에서 보인 문제점들을 지적했다. 스팔란차니에 따르면 니덤이 용기의 마개를 잘못 막아 다른 미생물들이 들어갈 수 있는 공간을 남겨 두었고 충분히 끓이지 않았기 때문에 미생물이 생겼다는 것이다. 이후 스팔란차니는 이러한 문제점을 바로 잡기 위해 미생물을 배양하는 용액을 45분 정도 충분히 끓인 다음 밀폐된 플라스크의 속에 넣어 두면 장기간 방치해도 미생물이 생기지 않음을 보이며 미생물의 자연발생설을 부정했다.

이러한 스팔란차니의 주장에 대해 니덤은 스팔란차니의 실험에서 미생물을 배양하는 용액을 장시간 가열하여 생물 발생 요소가 파괴되었고 더욱이 공기가 변질되어 미생물의 자연발생을 막았다고 반박했다. 니덤이 공기의 필요성을 강조한 것이 그럴싸하게 여겨져, 스팔란차니의 실험이 논리적으로 진행되었다는 좋은 평가를 받았음에도 자연발생설은 여전히 효력을 유지했다.

파스퇴르의 생물속생설

프랑스에서 '과학인(homme de science)'으로 존경받고 있는 루이 파스퇴르(Louis Pasteur, 1822~1895)는 화학 분야의 학위를 받은 후 1854년에 신설 대학인 릴루 대학에서 근무하며 미생물학에 관심을 갖기 시작했다. 1857년 모교인 파리 고등사범학교에서 과학 연구 부책임자로 자리를 옮긴 후 미생물학

을 본격적으로 연구하여 자연발생설에
종지부를 찍었다.

● 프랑스의 과학인, 파스퇴르.

파스퇴르는 미생물 연구를 시작하면서
"우유가 쉬는 것, 와인으로 변하는 것, 고
기가 부패하는 것 등이 미생물 때문에 일
어나는 것이라면 과연 이 미생물은 어디
에서 오는 것일까?"하는 의문을 줄곧 갖
고 있었다. 물론 그 전에 수많은 철학자

들과 과학자들이 이 질문에 대해 열렬히 토론하며 답을 구하고 있었다. 그러
나 많은 과학자들과 철학자들이 자연발생설을 부인하면서도 그것을 능숙하
고 논리 정연하게 설명한 사람은 없었다.

1860년에 프랑스 과학아카데미가 자연발생설을 명확하게 밝히는 실험에
현상금을 걸자, 파스퇴르는 자연발생설을 반박하기 위해 몇 가지 실험을 고
안했다. 그중 매우 단순하고 명확한 실험으로, 파스퇴르는 발효 가능한 액체
를 긴 가지가 달린 플라스크 속에 넣고 열을 가하여 플라스크를 잡아 늘여 S자
모형으로 만들었다.

지금도 파스퇴르 연구소에 보관되어 있는 목이 긴 S자 모양(Swan-necked
flask)의 플라스크에 대해, 파스퇴르는 "공기는 S자 모양의 플라스크에 자유
롭게 들어갈 수 있지만, 공기 중의 미생물은 플라스크의 관이 너무나 길어서
중간까지 이르기도 어려울 것이다."라고 말하며 그 중요성을 강조했다.

파스퇴르는 세 개의 플라스크를 준비한 후, 각각의 플라스크에 고기즙을
넣고 플라스크 목의 길이를 달리하여(목이 긴 것, 중간인 것, 짧은 것) 고기즙의 변
질 여부를 확인했다. 파스퇴르의 추측대로 목이 긴 플라스크는 2주가 지나도

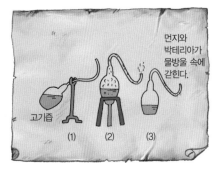

먼지와
박테리아가
물방울 속에
갇힌다.

고기즙

(1)   (2)   (3)

● 파스퇴르의 실험.

부패하지 않았으나 목이 짧은 플라스크는 일주일이 지나자 부패했다. 중간 길이의 플라스크는 얼마 지나지 않아 부패했다. 파스퇴르는 1862년까지 이와 같은 간단한 실험을 반복적으로 실시하여, 미생물은 반드시 미생물의 포자가 들어가 번식한다는 생물속생설을 주장했다.

19세기 후반에 양조업이나 세포학 및 유기화학이 발달하면서 실험과 관찰은 생물학을 연구하는 중요한 방법으로 자리잡았다. 파스퇴르는 이러한 실험과 관찰들을 성공적으로 도입하여 미생물 연구에 한발 나아갈 수 있었고 자연발생에 대한 연구에 이어서 질병이 어떻게 생겨나고 어떻게 전염되는지에 대한 많은 사실들을 발견했다.

원자보다 작은 세계를 발견하다

화가 나면 녹색의 야수로 변하는 '헐크'가 나오는 영화 〈인크레더블 헐크〉. 영화에서 과학자로 등장하는 배너는 실험 중 감마선에 노출된 뒤 분노를 통제할 수 없는 상태가 될 때마다 녹색 괴물 헐크로 변한다. 배너는 필사적으로 치료제 개발에 매달리지만 그의 능력을 알아챈 사람들의 추격 대상이 되고 만다.

평범한 과학자를 헐크로 만든 감마선은 원자핵이 핵반응을 일으킬 때 나오는 방사선으로, 방사선 중에서 매우 높은 에너지를 가지고 있어서 X선보다 투과력이 강하다. 감마선은 실제로 사람의 목숨을 살리는 등 실생활에 널리 쓰이고 있다. 최근에는 감마선을 칼처럼 쓸 수 있다는 점에 착안해 감마나이프를 만들어 수술시 사용하고 있다. 주로 감마선을 머릿속의 종양 부위에 쬐어 암세포를 파괴하는 데 사용한다.

하지만 사람이 치사량 이상의 감마선을 맞으면 죽거나 암에 걸린다. 물론 감마선에 노출되어 괴물로 변하는 배너의 모습은 현실에서 전혀 불가능하다. 치사량 이상의 감마선을 쬐면 죽거나 암에 걸리거나 둘 중 하나다. 게다가 영화

◉ 녹색의 야수, 〈인크레더블 헐크(The Incredible Hulk)〉.

제작팀이 실제 모델로 삼았다는 미국 로렌스 버클리 연구소의 장치는 감마선 발생장치가 아니라 감마선 검출기이기 때문에 폭발한다 해도 감마선이 누출될 일은 없다.

　이제 감마선과 함께 방사선 동일원소라고 불리는 알파선과 베타선 그리고 그 외 방사선들이 어떻게 발견되었고, 각각의 방사선들은 어떠한 특징들을 갖고 있는지 알아보자.

방사능, 음극선, 그리고 전자

　몇몇 그리스 철학자들은 모든 물질이 변하지 않는 기본적인 덩어리로 이루어져 있는데 그 덩어리가 '원자'라고 보았다. 원자는 단단하고 깨질 수 없는 입자들로 구성되어 있다는 이론은 2,000년 뒤에 유럽에서 다시 부활하여 화

학과 물리학에 '과연 원자가 존재할까?' 라는 중요
한 의문을 남겼다.

1895년 독일의 물리학자 빌헬름 뢴트겐(Wilhelm
Konrad Roentgen, 1845~1923)은 전류가 흐르는 진공
으로 된 유리 용기에서 음극의 반대편 유리에 나타
나는 형광, 즉 '음극선'을 연구하는 과정에서 X선을
발견했다. 연이어 프랑스의 물리학자 베크렐
(Antoine Henrir Becquerel, 1852~1908)은 1896년에
우라늄에서 방사선을 발견했고, 퀴리 부부는 1898

● 빌헬름 뢴트겐.

년에 우라늄의 방사선을 연구하면서 폴로늄과 라듐이라는 새로운 원소를 발
견했다. 19세기 말 발견된 방사선은 "원자는 존재하지만 그것들이 깨질 수
있다."는 사실을 입증해 주었다. 그러나 이러한 발견들이 1890년대 후반에
일어난 물리학에 관련된 발견의 전부이거나 가장 중요한 것은 아니었다.

당시 물리학계에서는 음극선의 본질에 대한 연구가 크게 두 방향으로 활발
하게 진행되었다. 독일의 과학자들이 음극선을 빛과 연관 지어 파동으로 보
았다면 영국의 과학자들은 음극선을 전하를 가진 입자들과 연관 지었다.

그중 1878년 영국의 윌리엄 크룩스(William Crookes, 1832~1919)는 오늘날
크룩스관(Crookes tube)이라고 불리는 고진공관 속에서 나타나는 전기 방전
현상을 관찰했다. 그는 그 방전관 내에서 크룩스의 암부(Crookes dark space)의
두께가 방전관 내의 분자의 압력이 감소함에 따라 넓어진다."는 것을 발견했
다. 크룩스는 이듬해까지 실험을 계속했고, 그 결과 음극선이 고체를 통과할
때 그림자가 생기는 것과 자장에 의해 휘어지는 것을 발견했다.

그는 1879년 왕립학회의 강연에서 "음극선은 음으로 하전된 분자의 흐름으

로 이루어져 있고, 그것은 보통의 기체, 액체, 고체 상태와 다른 물질의 제4상
태"라고 발표했다.

이러한 크룩스의 주장을 강력하게 비판한 사람이 있었으니 1883년 독일
킬 대학에 있던 하인리히 헤르츠(Heinrich Hertz, 1857~1894)다. 그는 1883년
에 글로우 방전에 관한 자신의 실험을 바탕으로 "음극선은 자기장에 의해 휘
어진다."는 크룩스의 주장에 반대하여 "음극선은 정전기장에 의해 휘지 않는
다."라고 주장했다. 그의 생각은 음극선을 빛과 유사한 파동으로 해석한 것으
로 "음극선이 자장에 의해 휘는 것은 빛의 편광면이 자장에 의해 회전하는 광
자의 회전 효과와 유사한 것"으로 보았다.

영국의 조지프 톰슨(Joseph John Thomson, 1856~1940)은 1884년부터 X선
발견 직전인 1895년까지 주로 기체 방전과 화학 작용에 관해 연구하고 있었
다. 그러던 차에 뢴트겐이 X선을 발견한 직후인 1896년 1월 인간의 뼈가 찍
힌 뢴트겐 사진이 파리의 아카데미에서 회람되었다. 그것을 본 프랑스 학계
는 뢴트겐이 발견한 새로운 광선에 큰 관심을 보였다. 뢴트겐의 X선 발견을
안 톰슨은 1896년부터 '음극선은 전기장이나 자기장에 의해 휘어질 수 있는
가?'라는 의문을 갖고 음극선에 관해 본격적으로 연구했다.

톰슨은 1897년 4월 영국 왕립연구소의 금요일 저녁 회의에서 "음극선은 전
기장과 자기장에서 모두 휘고, 유리 장치를 이용하여 최초로 미립자(corpuscle)
의 전하 대 질량의 비(e/m)를 측정했다."고 발표했다. 오늘날 사람들은 이 발표
에서 톰슨이 발견한 미립자를 '전자(electron)'라고 부른다. 톰슨은 연구에 연구
를 거듭하여 음극선에서 발견한 미립자가 물질적으로 보편적인 구성 단위라고
추론했고, 그 추론은 1900년대까지 영국의 물리학자들 사이에서 '과학의 영
광'이라고 불리며 널리 수용되었다.

원자의 구조를 찾아서

1890년대에 수많은 발견들은 원자의 구성 입자가 존재할 가능성에 대한 근본적인 해답을 제시해 주지 못했으나 1902년에 영국의 물리학자 어니스트 러더퍼드(Ernest Rutherford, 1871~1937)가 알파선의 실체를 밝히면서 그 실마리가 풀리기 시작했다. 원자의 구조를 밝힌 러더퍼드는 뉴질랜드 출신으로 뉴질랜드 대학 캔터베리 칼리지에서 물리학을 공부하고 1895년 케임브리지 대학에 유학하면서 캐번디시 연구소에서 전기와 자기에

● 원자의 구조를 밝힌 러더퍼드.

대해 뛰어난 업적을 남긴 톰슨의 지도 아래 연구소 생활을 시작했다. 그는 톰슨과 함께 기체 방전 현상을 연구하면서 X선이 양전하와 음전하를 띤 수많은 입자들로 만들어졌다는 것을 발견했다.

러더퍼드는 캐나다 맥길 대학을 떠나기 전에 방사성 물질을 갖고 연구하다가 예기치 않은 한 가지 사실을 발견했다. 그것은 '우라늄이 서로 다른 두 가지 종류의 방사선을 낸다.' 는 것이다. 특유의 재능을 갖고 있던 러더퍼드는 확실한 실험을 고안하여 우라늄 주위를 알루미늄 박으로 덮은 뒤 투과하여 나오는 방사선의 세기를 쟀다. 그 양은 한두 겹 쌀 때는 크게 차이가 없었으나 세 겹으로 싸자 방사선의 세기가 크게 줄어들었다. 그러나 여러 겹으로 싸도 방사선의 세기가 줄어들지 않는 것이 존재했다.

러더퍼드는 실험 결과를 통해 두 가지 종류의 방사선이 존재한다고 보았고, 투과성이 약한 것을 '알파선', 투과성이 강한 것을 '베타선' 이라고 불렀

다. 후에 러더퍼드는 그중 알파선을 가지고 원자의 구조를 발견했다.

러더퍼드는 1907년에 맥길 대학에서 맨체스터 대학으로 옮겨 방사성 물질에서 나온 알파선과 베타선이 X선과 같지 않다고 생각하고 각각의 방사선이 갖고 있는 본질적인 특징들을 연구했다. 음전하를 띤 베타선은 이내 전자로 밝혀졌으나 양전하를 띤 알파선은 오랜 연구 끝에 헬륨 원자임을 알게 되었다. 이후 러더퍼드는 양전하를 띤 알파 입자가 어떻게 중성인 헬륨 원자로 바뀌는지 알아보기 위해 여러 가지 실험을 통해 전하를 측정하려고 했으나 알파 입자의 산란 현상 때문에 성공하지 못했다. 당시 러더퍼드는 동료에게 "산란 현상은 악마 같다."고 편지를 썼을 정도였다.

1909년 초까지 러더퍼드는 알파선의 산란 현상을 해결하지 못하여 그 대안으로 확률 이론을 공부하면서 실험 결과들을 찬찬히 분석하고 있었다. 이윽고 러더퍼드는 1910년 크리스마스 직전에, 알파 입자가 물방울이나 푸딩

이 아니라 '점'처럼 취급될 수 있다는 생각에서 산란된 입자의 수와 산란각의 관계를 조사하는 새로운 실험을 시도했다. 그 결과 얇은 금박에서 관찰된 알파선의 되튐 현상을 통해 원자 내에 '원자핵'이 있고 핵 주위에 음전하의 전자가 매우 얇은 '전자구름'을 이루고 있다는 것이 발견되었다. 또한 원자 질량의 대부분은 아주 작은 부피의 원자핵이 차지하고 원자의 대부분은 비어 있다는 것도 알아냈다.

러더퍼드의 실험 결과가 톰슨 모형이 갖고 있는 문제점을 지적하자 큰 파장이 일어났다. 당시 톰슨은 "원자는 양전하를 띠고 있는 균일한 구이고, 음전하를 띤 전자들이 듬성듬성 원자에 박혀 있다."는 모형을 갖고 있었다. 그러나 알파선 산란 실험으로 입증된 러더퍼드 모형만큼 훌륭한 것은 없었으나 그 모형도 전자 궤도의 안정성을 설명하지 못하는 한계가 있었기 때문에 톰슨 모형보다 널리 수용되지 않았다.

러더퍼드의 원자 모형에 따르면, 양전하를 띤 양성자들이 원자핵 안에 빽빽하게 들어 있고 전자들이 원자핵 주위를 돌고 있는 모형이었다. 이러한 전자들은 서로 반발하기 때문에 원자들은 불안정했다. 즉, 러더퍼드의 원자 모형은 아주 조그만 충격에도 분해될 수 있었다. 단적인 예로, 매우 가벼운 원소의 원자는 복사에 의해 에너지를 빠르게 잃을 경우 어떤 에너지도 받지 못하고 곧바로 핵으로 떨어진다는 것이었다.

그 무렵 러더퍼드 연구소에서 러더퍼드의 제자였던 덴마크 출신의 닐스 보어(Niels Henrik David Bohr, 1885~1962)가 전자가 원자 속에 어떻게 배치되어 있는지에 대해 물음을 던진 후 수소의 존재에 대해 연구하고 있었다. 보어는 수소 원자의 불연속적인 스펙트럼을 관찰하고 새로운 원자 모형을 만들었다. 보어의 모형에 따르면 전자들이 태양을 도는 행성들처럼 단단한 핵 주위를 일정한 궤도로 원운동을 하고 있었고, 각 궤도는 독일의 물리학자 막스 플랑크(Max Karl Ernst Ludwig Planck, 1858~1947)의 양자가설에 기초하여 연속적이지 않고 띄엄띄엄 떨어져 존재했다. 보어의 원자 모형은 몇 가지 한계점을 갖고 있었다. 그러나 막스 프랑크 등 여러 학자들의 연구 성과가 나오면서 양자역학 분야가 크게 발전하게 되었다.

무선통신의 시작을 알리다

소은과 지인은 각각 1979년과 2000년이라는 서로 다른 시간과 공간에 살고 있다. 소은은 지인을 만나기 위해 시계탑 앞에서 기다리고, 같은 시간에 지인도 시계탑 앞에서 장대비를 맞으며 소은을 기다린다. 그러나 두 사람은 끝내 상대방을 만나지 못한다. 각자 다른 시대에 살고 있기 때문에 어찌 보면 당연한 일이지만, 그들의 약속이 계속 어긋나면서 애석함만이 커질 뿐이다. 영화 〈동감〉의 이야기이다.

모든 사건의 발단이자 두 사람을 연결시켜 준 것은 바로 오래된 고물 무전기. 고치다 실패한 것이라 작동도 제대로 안 되는 낡은 무전기다. 이 무전기를 통해 1979년과 2000년이라는 시간을 초월하는 만남이 이루어진다. 휴대폰 하나로 전화는 물론 인터넷 검색, 음악 듣기, 책 읽기 등 모든 것을 할 수 있는 현재와 비교하면 고리타분하게 보일 수도 있다.

요즘에는 아마추어 무선통신(HAM)의 활동이 많이 쇠퇴했지만, 1900년대 초부터 영국과 미국을 중심으로 아마추어 무선가들의 네트워크가 만들어지

◉ 영화 〈동감〉.

기 시작했다. 젊은 아마추어들은 다양한 방식으로 다락방이나 차고에 자신의 무선국을 설치하여 전파를 통해 네트워크를 형성했다. 이는 멀리 떨어진 지점에 무선으로 정보를 전송하는 무선전신이 개발되면서 가능한 활동이었다.

1890년대부터 많은 사람들이 무선전신에 관심을 가지고 있어서 다양한 형태의 발견이 있었다. 그중 무선전신에 흥미를 느낀 지 얼마 되지 않아 멀리 있는 사람에게 전파를 전달하는 기구를 발명한 사람이 있었으니 바로 이탈리아의 발명가 굴리엘모 마르코니(Guglielmo Marconi, 1874~1937)다. 다른 사람들이 오랜 시간을 투자해 연구해도 성공하지 못했던 것을 마르코니는 어떻게 그렇게 쉽게 발명했을까?

전자기파에서 모스 코드로

맥스웰이 죽은 지 10년 후 독일의 물리학 교수였던 헤르츠는 맥스웰이 예언한 전자기파의 존재를 확인하기 위해 1888년에 여러 번에 걸쳐서 실험을 했다. 그 결과 그는 전자기파에 직진, 반사, 굴절, 회절과 간섭 현상이 있다는 것을 발견했다. 헤르츠의 발견은 적절한 안테나만 있다면 다른 장소에서 보이지 않는 신호인 전파를 잡을 수 있다는 새로운 사실을 알려 주었다. 이것이 텔레그래프(전보)를 무선으로 보내기 위해 연구하는 몇몇 전기 기술자들에게 큰 자극제가 되었음은 물론이다.

대표적으로 이탈리아의 마르코니는 볼로냐 대학의 물리학 교수이자 아버지의 친구인 물리학자 리기(Auguste Righi, 1850~1920)에게 전자기 이론과 실험에 대해 배우고 있었다. 1894년 여름 마르코니는 우연히 헤르츠에 대한 기사를 읽은 후, '전파를 신호로 사용하면 어떨까?' 라는 의문을 가졌다.

● 이탈리아의 발명가이자 노벨물리학상을 수상한 마르코니.

마르코니는 이러한 의문을 증명하기 위해 1894년부터 본격적으로 전파 발생법과 전파를 검출하는 검파기에 대해 연구하고 실험했다.

마르코니는 유도코일, 불꽃 방전극 및 안테나 등 간단한 도구로 실험을 하면서 전자기파의 전파 거리가 너무 짧다는 것을 알아냈다. 이후 그는 전파를 더 멀리 보내기 위해 거리를 늘리는 방법에 대해 집중적으로 연구한 끝에, 발진기의 유도코일의 크기를 늘리고 절연을 완벽하게 하여 더 강력한 스파크를 일으켰다. 또한 당시 불안정하고 비효율적이었던 수신기의 민감도를 높이기 위해 이전보다 개량된 안테나를 이용하여 최초로 전자기파를 통해 모스 부호(Morse Code)를 보내고 받는 데 성공했다.

처음에 마르코니는 자기 집 정원에서 전파를 주고받았고, 1895년 9월에 언덕 너머 잘 보이지 않는 2.4킬로미터 떨어진 곳에 신호를 보내는 데 성공했다. 이 사건은 새로운 통신의 가능성을 열어 준 역사적인 사건이었다. 이를 기념하기 위해 국제전기통신연합(ITU)은 '전파의 날' 을 정하고 1995년에 전파통신 100주년 기념 행사를 성대하게 개최했다. 그러나 한편으로는 마르코니의 성공을 비하하는 소식들이 전해졌다.

    일반적으로 과학자들의 중요한 업적은 주변 동료 과학자들과 관련된 정보를 상호 교환하며 만들어지는 경우가 많다. 그러나 마르코니는 무선전신과 관련된 전문 과학자나 기술자와 교류하지 않았을 뿐만 아니라 20대 초반이라는 나이는 새로운 발견을 하기에는 너무 젊었다. 마르코니의 아버지를 비롯해서 이탈리아의 학자들은 이러한 이유로 마르코니의 발명을 인정하지 않았다. 또한 아마추어인 마르코니가 다른 사람의 업적을 표절했다는 의견도 있었다.

무선전신을 실용화하다

    마르코니는 자신의 발견을 상업화하기 위해 이탈리아에서 특허를 내고자 했으나 이탈리아 정부는 그의 업적을 인정해 주지 않았다. 실패의 쓴맛을 본 마르코니는 스물두 살에 이탈리아 대신 어머니의 고향인 영국 런던으로 갔다. 1896년에 영국으로 건너간 마르코니는 그해 12월 12일 토인비 홀에서 개최된 한 강연회에 참석했다. 그곳에서 마르코니는 당시 과학적 발견에 대한 재미있는 강연으로 명성을 얻고 있던 영국 체신부 기사장(chief engineer) 윌리엄 프리스의 소개로 자신이 발명한 시스템을 대중에게 처음으로 선보였다.

마르코니는 아버지에게 300파운드를 지원받아 영국 최고의 변리사인 몰턴 (F. Moulton)을 고용하여 영국에서 무선전신에 대한 모든 것을 포함하는 특허권을 획득했다. 특허권을 획득한 마르코니는 공학 기사로 활동하던 사촌의 재정적 지원 아래 1897년 7월 세계 최초의 무선전신회사인 '무선전신신호주식회사'를 설립했다. 그 회사는 등대와 등대선 사이에 무선전신 시설을 설치하고 관리하는 업무를 관할했고, 그 일을 시작으로 서서히 사업을 확장해 나갔다.

마르코니가 특허를 획득해 영국에서 무선전신을 독점하자, 영국 체신국과 해군은 마르코니의 특허를 매입하기 위해 노력을 기울였다. 그러나 뜻대로 되질 않자 마르코니의 특허를 무효로 만들기 위한 방안을 강구했다. 당시 마르코니와 관계가 멀어진 프리스는 개인적으로 체신부와 정부에 보낸 비밀 메모에 "마르코니의 송신기는 사실상 미래가 없고, 롯지의 주장처럼 어떤 경우든 특허가 안전하지 않다."며 흠을 잡기도 했다. 그럼에도 마르코니는 가족의 도움으로 원하는 실험을 할 수 있는 자유를 얻었고 회사 지분을 10퍼센트나 소유한 부호가 되었다.

마르코니가 발명한 무선전신이 영국에서 꽃피운 것은 '필요성'과 관계가 깊다. 당시 영국은 해안에 끼는 안개 때문에 해안가에서 난파 사고가 잦았다. 따라서 영국 정부는 항해 중인 선박과 교신할 수 있는 무선통신의 중요성을 절감하고 있었다. 이와 같은 상황에서 전선 없이 배와 부두, 등대 사이를 가로질러 통신을 가능하게 해 주는 마르코니의 발명품은 영국 정부의 관심을 끌었던 것이다. 영국 체신국은 마르코니의 발명을 구입하려는 계획을 세우고 있었지만 그의 조국 이탈리아는 상대적으로 무선통신의 필요성을 뒤늦게 깨달았다.

마르코니는 다른 사람들의 실험 작업을 바탕으로 독창적이고 정교한 장비를 만들어 무선으로 소식을 전달하는 데 성공했다. 1896년 6월 마르코니는 기구와 연을 이용해 안테나를 높이 설치했고 솔즈베리 평원에서 6.4킬로미터까지, 브리스톨 해협을 통과해서 14.5킬로미터까지 신호를 보내는 시범 실험을 했다. 이후 마르코니는 1897년 6월 라스페치아에 지상 무선국을 설치하고 19킬로미터 떨어진 곳에 있는 이탈리아 전함과 통신을 하는 데 성공했다. 이 성공은 무선전신이 이동 통신에 이용된 최초의 사례였다.

그러나 당시의 무선전신은 몇 가지 문제점을 안고 있었다. 즉, 전파들 사이에 혼선과 교란이 심하고 누구나 도청 가능하다는 점, 고통스럽도록 느리다는 점 그리고 수신 거리가 제한되어 있다는 점이었다. 1897년경 마르코니의 발명품은 모스 부호의 점을 표현하기 위해 송신기를 5초 동안이나 눌러야 했고 선을 표현하기 위해서는 15초라는 시간이 걸렸다. 예를 들어 'L'(•, −, •, •, •)이라는 한 글자를 보내는 데 무려 30초 이상의 시간이 걸렸다. 이러한 까닭에 마르코니의 발명품은 유선전신과 경쟁할 수 없었고, 단지 바다에 떠 있는 배에서 제한적으로 쓰였다.

마르코니는 전파들 사이의 혼선과 교란을 극복하기 위해 롯지의 초기 연구를 바탕으로 무선국들이 서로 간섭을 일으키지 않고 다른 파장으로 작동하도록 하는 기술뿐만 아니라 동시에 100마일 이상 송신할 수 있는 기술을 개발했다. 당시 롯지는 최초로 전파의 공명이나 동조 현상을 논했고, 1894년 헤르츠의 죽음을 애도하는 강연에서 전자기파를 통신으로 이용할 수 있는 가능성을 언급했으며, 같은 해 9월 옥스퍼드에서 진행된 영국과학진흥협회 모임에서 무선전신으로 공개 실험을 하여 모스 부호를 100미터 지점까지 보내는 데 성공했다. 그러나 그의 실험 결과는 전자기파의 특성을 더욱 잘 이해하는 데 그쳤을 뿐 실용적 장치의 개발로 이어지지 않았다. 1897년부터 2년에 걸쳐 노력한 마르코니가 롯지의 한계를 극복한 것이다.

1899년 봄, 마르코니는 송신기를 통해 최장거리인 영국해협을 횡단하는 메시지인 '삐—삐—삐—삐—삐—삐리리리'라는 소리를 보냈다. 사람들은 걱정스럽게 수신기에서 나온 소리를 기다리며 바다를 바라보았다. 잠시 침묵이 흐른 후 테이프가 점과 선의 메시지를 인쇄하는 소리가 들려왔다. 바로 그 순간 영국과 프랑스 사이에 무선전신의 시대가 열린 것이다. 이후 마르코니는 1899년에 프랑스 위머로에서 50킬로미터 떨어진 영국 사우스폴랜드에 무선국을 설치했다. 이제 영국 전함들은 121킬로미터 거리에서 전파를 통해 서로 소식을 전할 수 있었다.

1899년 4월 11일 「독립신문」에 '줄 없는 전보'라는 제목으로 "요사이 법국(프랑스) 롱뿔과 영국 포렌드 사이에 '전선줄 없이 통신'하는 기계를 새로 발명했는데 매우 쉽고 편리하게 소식을 전한다."라는 기사가 실렸다. 서재필 박사가 번역한 이 기사에서 눈에 띄는 것은 'wireless telegraphy' 대신에 '줄 없는 전보'라는 단어를 사용한 점이다. '줄 없는 전보'는 이후 '파동으로 전달되는 줄 없는 매체'라는 뜻에서 '무선통신'이나 '전파통신'이라고 불렸다. 맥스웰이 전파를 예언했다면 헤르츠는 실험으로 증명했고, 마르코니는 안테나와 동조기를 무선통신에 이용하여 전파통신의 황금시대를 연 것이다.

잊혀진 텔레비전 발명가, 판즈워스

오늘날 텔레비전이라고 불리는 전자식 텔레비전을 처음으로 발명한 사람은 미국의 기술자 필로 판즈워스(Philo Taylor Farnsworth, 1906~1971)다. 어릴 때부터 독서광이었던 판즈워스는 과학에 관한 책과 잡지를 읽으면서 최신 학설과 발명품에 대한 지식을 배웠다. 판즈워스는 한 잡지에서 '공중을 날아다니는 사진'이라는 제목 아래 '전 세계의 집으로 화면과 소리를 동시에 전송할 수 있는 기계'에 대해 상상한 내용의 기사를 읽었다.

잡지 기사 속 내용에 푹 빠져 있던 판즈워스는 열네 살이 되던 무렵 쟁기질을 하다가 기발한 생각을 했다.

"전자적 방법은 기계적 방법과 달리 거의 순간적으로 이루어지기 때문에 훨씬 더 선명한 영상을 만든다."

'전자를 이용하여 영상을 전송하는 방법'을 생각해 낸 것이다. 판즈워스는 고등학교 화학 선생 앞에서 자신이 '완전 전기식 시스템'을 만들 수 있다고 호언장담하곤 했다. 그러던 어느 날 그는 자신의 생각을 구체적으로 보여 주기 위해 칠판에 시스템을 스케치했는데 그것을 본 선생님은 실험에 옮길 수 있도록 격려했다. 그 일을 계기로 판즈워스는 연구에 몰두하기 시작했다.

판즈워스는 1923년에 브링검영 대학에 진학하면서 대학의 기자재를 이용하여 연구에 몰두할 수 있었지만, 얼마 후 아버지가 돌아가시자 가족을 부양하기 위해 학교를 그만두고 전신 기사로 일해야만 했다. 그 와중에도 선명한 영상을 만들려는 판즈워스의 활동은 멈추지 않았다. 이렇게 힘든 생활 속에서 판즈워스에게 행운이 찾아온 것은 1926년이었다. 그의 열의에 탄복한 전문 투자가 에버슨과 고렐이 판즈워스에게 6,000달러를 지원하기로 약속한 것이다. 판즈워스는 로스앤젤레스에 비밀 작업장을 차리고 실험 장비를 만드는 일에 열중했으나 애석하게도 첫 번째 실험에 실패하고 말았다. 항상 열의가 가득했던 판즈워스는 샌프란시스코로 이사한 후 계속 텔레비전 개발에 매진했다.

　판즈워스는 1927년 1월에 텔레비전 제작에 관한 특허를 출원했으나 장치가 부실해 특허권을 인정받지 못했다. 판즈워스는 실망하지 않고 조수들과 함께 '완전히 밀폐된 진공 상태의 관과 적절한 전자기파를 만드는 전선 코일'을 만들기 위해 수백 번의 실험을 시도했다. 마침내 1927년 9월 판즈워스는 자신이 만든 송신기인 '영상 분해기(Image Dissector)'와 수신기인 '영상 수상기(Image Oscillator)'를 가지고 투자자들이 참여한 가운데 시연을 했다. 그는 "돈이 된다."는 사실을 확신시키기 위해 '$'라는 영상을 전송하는 데 성공했다.

　1년이 지난 1928년 9월 「샌프란시스코 신문」에 "SF맨이 텔레비전에 혁명을 일으켰다."는 기사가 실리기도 했지만, 판즈워스가 실제로 텔레비전을 최초로 만든 사람이라고 기억하는 사람은 많지 않다.

원소 주기율표를 완성하다

현대 이탈리아를 대표하는 작가이자 화학자였던 프리모 레비(Primo Levi, 1919~1987)는 화학자로서 과학과 기술에 대한 열정을 『주기율표』라는 독특한 구성의 회고록에 담았다. 그는 제2차 세계대전 말 반(反)파시즘 저항운동에 참여하다 체포되어 아우슈비츠로 이송된 후 제3수용소에서 노예보다 못한 나날을 보냈다.

레비는 1975년에 출간된 『주기율표』에 자신의 경험을 원소에 빗대어 말하고 있다. 예를 들어 아르곤, 수소, 아연, 철, 칼륨, 니켈, 납, 수은, 인, 금, 세륨, 크롬, 황, 티타늄, 비소, 질소, 주석, 우라늄, 은, 바나듐, 탄소 순으로 글이 구성되어 있는데, 이러한 원소들의 화학적인 성질과 레비가 만났던 사람들의 이야기가 만나 새로운 이야기로 탄생했다.

주기율에 있는 원소들을 주제로 많은 이야기를 할 수 있다고 믿었던 레비는 이렇게 말했다.

"나는 꽃의 색깔이나 향기가 된 탄소 원소의 이야기를 들려줄 수 있다. 또

조그마한 해초에서 작은 갑각류의 큰 물고기로, 차츰차츰 바닷속에서 무언가를 집어삼킨 것이 더 큰 것에게 잡아먹히는, 끝없이 되풀이되는 놀라운 삶과 죽음의 무도 속에서 이산화탄소로 돌아가는 또 다른 탄소들의 이야기를 할 수 있다."

◉ 프리모 레비의 『주기율표』.

이탈리아의 어느 비평가가 레비의 작품이 증언 문학을 표방한 수많은 작품들 중에서 가장 돋보인다고 평한 것처럼 레비는 『주기율표』에서 그의 명성에 걸맞게 과학자다운(실패한 화학자이지만) 관찰자적 자세를 유지하며 각각의 원소에 특성을 부여하여 아름다운 작품을 써 내려갔다. 과학자이지만 호탕한 러시아인의 기질을 발휘하여 주기율표를 완성한 멘델레예프(Dmitrii Ivanovich Meudeleev, 1834~1907)처럼 말이다.

원소 배열에 규칙이 있다

19세기 중반에 화학자들은 이미 63개의 원소를 발견했고 아직 확인되지 않은 몇 가지 원소들을 예측했다. 아직 발견되지 않은 원소들의 특성이 너무나 달라 어떤 공통점이 있는지 파악하기는 쉽지 않았다. 몇몇 화학자들은 원자량 사이의 상관관계를 찾았다. 예를 들어 원소를 공유하는 물질 사이에 어떠한 연관성이 있는지 혹은 특성상의 유사성이 구조의 유사성까지 나타내는지를 확인하는 것이었다.

독일의 화학자 되베라이너(Johann Wolfgang Dobereiner, 1780~1849)는 1817년에 "자연은 삼조원소(三組元素)로 구성되어 있다."고 주장했다. 즉, 스트론튬이 화학적 특징이 유사한 칼슘과 바륨의 원자량 중간에 위치한 것처럼 할로겐인 염소, 브롬, 요오드 등 세 개의 원소가 비슷한 성질을 갖고 있고, 알칼리 금속인 리튬, 나트륨, 칼륨도 그렇다는 것이다. 그의 주장은 크게 주목받지 못했지만 사람들에게 화학적 유형 관계가 세 개의 원소에만 국한되지 않고 '족(族)'이라 불리는 더 큰 그룹으로 확장될 수 있다는 여지를 남겨 주었다. 이제 사람들은 물리적으로 혹은 화학적으로 유사한 특성을 나타내는 원소의 순서를 생각하고 이를 '주기율표'라고 부르기 시작했다.

프랑스의 지질학자 샹쿠르투아(Alexandre Chancourtois, 1820~1886)는 1862년 16등분한 원기둥의 표면에 원자량 순서로 원소들을 적었다. 그는 비슷한 성질을 가진 원소가 같은 선 위에 온다는 것을 보여 주어 '땅의 나선'이라는 설로 원소의 주기율표를 발표했다. 그의 주기율표는 이온과 화합물도 원소로 취급했다는 한계가 있었지만, 원소의 특성이 일곱 번째 원소마다 반복된다는 것을 처음으로 발견했다는 의의가 있다.

영국의 아마추어 화학자 존 뉴런즈(John Alexander Reina Newlands, 1837~1898)는 1863년 원소들을 원자량에 맞춰 나열하여 56개의 원소들을 11개의 족으로 분류했다. 그는 원소들을 질량에 따라 배열하면 비슷한 성질들이 여덟 번째마다 주기적으로 반복된다는 것을 발견했다. 그는 그러한 특성이 피아노 건반의 옥타브 배열을 닮았다고 해서 '옥타브의 법칙'이라고 발표했다. 즉, 옥타브가 같은 음들처럼 같은 족에 속한 원소들은 유사한 관계를 갖는다는 것이다. 그러나 당시 사람들은 그의 주장을 터무니없는 것으로 간주했고, 이에 실망한 뉴런즈는 결국 화학 분야를 완전히 떠나 버렸다.

19세기 말까지 수십 종의 원소가 발견되고 그 원소들의 성질이 밝혀지면서 화학자들은 그 원소를 이루는 여러 종류의 금속과 비금속, 기체 사이에 어떤 관련이 있을 것이라고 추정했다. 그러나 원소의 주기성 문제는 여전히 미궁에 빠져 있었다. 이 궁금증을 푼 주인공이 바로 러시아의 과학자인 멘델레예프다.

주기율표를 완성하다

지구상에 존재하는 수많은 원소들을 간단명료한 주기율표에 넣은 멘델레예프는 시베리아의 토볼스크에서 태어나 1850년대에 과학 분야에서 능력 있는 교수진으로 이루어진 상트페테르부르크 대학에서 공부했다. 이후 독일 하이델베르크 대학에서 분광분석으로 유명한 분젠(Robert Wilhelm von Bunsen, 1811~1899)과 키르히호프(Gustav Robert Kirchhoff, 1824~1887)의 지도 아래 액체의 열팽창과 표면장력에 관해 공부했다.

1860년 멘델레예프는 독일 칼스로에서 물질의 원자량과 분자량의 불일치를 바로잡기 위해 개최된 세계화학자회의에 참석했다가 아보가드로의 가설을 원자량과 분자량 결정의 기초로 삼아야 한다고 밝힌 이탈리아 화학자 카니차로(Stanislao Cannizzaro, 1826~1910)의 강의를 듣고 큰 감동을 받았다. 이후 멘델레예프는 원소들의 성질에 대해 연구하면서 화학에 관한 강의와 저술을 하며 지냈다.

멘델레예프는 35세가 되던 해에 꿈에서 원하던 원소가 일정한 순서에 따라 있는 것을 보았다고 한다.

"나는 꿈속에서 모든 원소들이 정확히 있어야

◉ 주기율을 발견한 러시아 화학자 멘델레예프.

할 위치에 자리잡고 있는 일람표를 보았다. 꿈에서 깨어나자마자 나는 즉시 종이에 그것을 옮겼다."

이후 멘델레예프는 원소의 원자량 순서에 따라 나열하면 원소의 성질이 주기적으로 반복된다는 사실을 깨닫고 그 일람표를 '원소들의 주기율표'라고 명명했다. 멘델레예프가 주기율표를 만든 방법은 다른 과학자들이 시도한 방법과 크게 다르지 않았다. 당시 아직 발견되지 않은 원소가 많았던 까닭에, 대부분의 화학자들은 원소의 규칙성을 발견하기 위해 발견된 원소만을 가지고 끼워 맞추기 식으로 배열하는 데 주력했다. 다만 멘델레예프는 당시까지 알려져 있던 원소 63개에 대한 정보를 바탕으로 원소 사이의 상관관계를 분석한 후, 원자량 순서로 어떠한 원소 다음에 오는 원소가 그 주기성에 맞지 않으면 과감히 한 칸을 비워 두고 다음 자리에 그 원소를 배치했다. 즉, 가장

가벼운 원소인 원자량 1인 수소부터 당시 가장 무거운 원소로 알려진 92인 우라늄에서 끝을 맺는 식으로 나열하는 것은 의미가 없다고 보았던 것이다.

멘델레예프가 1869년 러시아화학회 잡지에 발표한 논문 「원소의 구성 체계에 대한 제안」에 수록한 주기율표에 따르면, 그는 원자량과 원소 사이에 일정한 관련성이 있고 그 기능도 원자량과 원소의 개별적 특성 사이에 존재할 것이라고 믿었다. 그래서 그는 원소들 사이의 유사성과 차이점을 모두 설명할 수 있는 것을 찾아야 한다고 보았다. 이러한 이유에서, 직사각형의 주기율표에 왼쪽 맨 위에서 수직으로 내려오는 행의 원소 목록은 원자량이 증가하는 순서로, 수평으로 되어 있는 열은 유사한 성질을 가지는 원소들을 군으로 모아 놓았다.

그는 반응성이 좋은 금속들(리튬, 나트륨, 칼륨, 루비듐, 세슘)을 1족으로 분류했고, 거의 반응하지 않은 금속들(플루오르, 염소, 브롬, 요오드)을 7족으로 분류했다. 또한 자신의 기준에 따라 기존의 생각과는 다르게 17개의 원소들을 새로운 자리에 배치했다.

당시 멘델레예프는 직접 실험을 하지 않고 주기율표를 작성하면서 아직 알려지지 않은 원소들을 예측했는데, 이후 미발견 원소였던 칼륨(K, 1875년), 게르마늄(Ge, 1886년)이 발견되고 그 성질도 그의 예측과 일치하다는 것이 밝혀졌다. 멘델레예프의 주기율표는 당시 존재하지도 않았던 원소들이 앞으로 발견될 것이라는 점을 예언했다는 데 더욱 가치가 있었다. 1870년대 이후 그가 예측했던 원소들과 정확히 일치하는 원소들이 발견되면서 멘델레예프의 주기율표는 점차 과학자들의 인정을 받기 시작했다.

주기율표의 작성은 화학사에 큰 획을 긋는 사건으로, 오늘날 우리들이 사용하는 주기율표는 멘델레예프가 만든 것보다 원소의 수도 많고 처음보다 부족한 점이 많이 보완된 것이지만 기본적으로 멘델레예프의 틀을 따르고 있다.

사진, 빛으로 과거를 기록하다

은행원이었던 조지 이스트먼(George Eastman, 1854~1932)은 사진에 매력을 느껴 장비를 구입하고 공부를 시작했다. 물론 당시 카메라는 지금 우리가 사용하는 것과는 전혀 다르다. 사진을 찍으려면 육중한 카메라, 삼각대, 여분의 감광판, 인화지, 음화 보관용 상자, 암실 설치용 텐트, 실험용 비품, 질산은, 아세테이트 소다, 금 화합물, 나트륨, 철, 콜로디온, 광택제, 알코올, 리트머스 용지, 액체 비중계, 눈금 용기, 증발 접시, 깔때기, 강모 솔, 저울과 자, 세척용 그릇 등을 모두 챙겨야 했으니 말이다. 그의 머릿속에는 '더 쉽게 사진을 찍어 보자.'라는 생각이 떠나지 않았다.

이스트먼은 1870년대 말 러시아 출신의 사진사 레온 바르네르크(Leon Warnerke)가 개발한 '롤필름'에 주목해 롤필름 사용에 필요한 모든 요소를 하나의 시스템으로 개발하기 시작했다. 이후 1884년에 최초로 종이로 된 롤필름이 개발되었고, 1885년에 런던에서 개최된 박람회에서 '사진 부문의 최고상'을 받기도 했다. 그러나 전문 사진가들은 필름의 재료인 종이가 알갱이로

뭉쳐져 완성된 사진이 갖는 불편함 때문에 롤필름의 사용을 꺼렸다. 롤필름은 실패작이었다.

● "버튼만 누르면 됩니다. 나머지는 우리가 알아서 합니다."
1889년 코닥 카메라의 선전 문구.

순간 이스트먼은 "카메라를 연필처럼 쓰기 편하게 만들자."라는 문구처럼 '전문가가 아닌 일반인을 위한 카메라' 개발에 매진했다. 이윽고 조그만 사진기인 '코닥(Kodak)'를 선보였고, "버튼만 누르면 됩니다. 나머지는 우리가 알아서 합니다."라는 코닥 카메라의 선전 문구는 사람들의 시선을 끌기에 충분했다.

'엘리오그라피'를 이용한 최초의 사진

독일의 해부학 교수이자 자연철학자였던 슐체(Johann Heinrich Schulze, 1687~1744)는 1725년에 사진화학의 기본이 되는 빛과 은의 반응을 발견했다. 슐체는 발광 물질을 제조하기 위해 연금술사 아돌프 발두인이 1674년에 분필이 왕수(王水: 염산과 질산을 3:1 정도의 비율로 혼합한 액체) 속에서 어떤 화합물로 변하는지 알아보기 위해 했던 실험을 반복적으로 실시했다. 슐체는 1727년에 발두인의 실험을 일부 수정해 순수한 왕수 대신에 은이 혼합된 왕수를 사용하여 "은 염류가 빛에 민감하게 반응한다."는 사실을 발견했다. 화학의 발전은 광학의 발전보다 뒤늦게 이루어졌지만, 광화학적으로 현실의 상을 재현하는 사진의 발명으로 이어졌다.

슐체의 실험에 따르면, 은 화합물이 들어 있는 플라스크 표면에 글씨 부분만 파낸 종이를 붙이면 얼마 지나지 않아서 빛이 종이의 도려낸 부분을 통해 플라스크에 닿고, 플라스크 안에 채워진 물질 위에 그 글씨가 기록되었다. 실험 과정에서 생성된 화합물은 불로 가열했을 때 별다른 반응을 보이지 않았으나 태양 빛에 노출되었을 때 진한 보랏빛으로 변색되었다. 이러한 현상을 목격한 슐체는 빛의 작용이 질산은 용액에 젖은 분필의 색깔을 변화시킨다고 여겼고, 빛에 민감하게 작용하는 화합물을 '스코토포러스(Scotophorous)'라고 명명했다. 슐체는 이러한 발견을 더 연구하거나 실용화하지 않았지만, 이 발견은 사진술의 화학적 기반이 되었다.

18세기 말과 19세기 초에 프랑스에서 활동한 아마추어 발명가 니에프스 형제는 은 대신 '유다 역청'이라는 물질의 감광성을 이용하여 사진 발명에 박차를 가했다. 특히 동생 니세포르 니에프스(Joseph Nicphore Niepce, 1765~1833)는 처음에 석판화를 찍어 내는 석판 자체를 감광 물질화하여 자신이 제작한 '카메라 옵스큐라'에 넣어 상을 고착시키기 위한 실험을 했으나 그 실험이 실패하자 빛을 받으면 굳어져 용해제에 녹지 않는다는 유다 역청의 특성을 이용하여 사진 작업에 참여했다.

사진 작업은 유명 판화 그림들을 복제하는 방법과 렌즈가 달린 암상자를 이용해 유다 역청을 칠한 감광판에 현실의 이미지를 기록한 후 요오드 기체를 쏘여 눈에 보이는 현실의 양화상을 얻는 방법으로 진행되었다. 니에프스는 1824년 무렵 빛과 화학의 작용에 의한 두 가지 복제 방법을 이용하여 큰 성과를 올렸다. 이후 그는 1829년에 두 가지 복제 방법을 '태양광선으로 그리는 그림' 혹은 '태양이 쓴 글'이라는 뜻으로 '엘리오그라피(heliography)'라고 명명했다. 특히 후자의 방법으로 실시한 〈창문에서 본 조망〉이라는 작품이 전해지고 있다. 이 작품은 사진이라 명명된 재현물 중 현재 보존되어 있는 가장 오래된 것으로 현재 오스틴의 텍사스 대학에 소장되어 있다.

니에프스는 1827년 6월에 약 8시간 정도 빛에 노출시켜 창문에서 내려다 보는 전경의 이미지를 얻었다. 사진은 르 그라(La Gras)의 위층 창에서 잡힌 풍경으로, 니에프스의 작업실에서 보이는 우뚝 솟은 집과 지붕들, 약 8시간 동안 태양이 동쪽에서 서쪽으로 움직인 자리가 사진에 그림자로 남겨졌다. 원래 사진은 장시간 노출로 건물의 입체감이 사라지고, 금속 표면은 번들거려 상을 제대로 보기 힘든 상태다. 그러나 코닥 필름 연구소가 콘트라스트를 강화한 복제 사진을 현재 우리가 보고 있기 때문에, 흑백임에도 불구하고 파리의 풍경이나 정물들을 구현한 상들이 더 세밀하게 묘사되어 있다. 이 사진은 광학과 화학의 방법으로 현실의 상을 재현한 것으로 최초로 손의 개입 없이 이루어졌다는 점에서 획기적인 발명품이었다.

니에프스는 처음으로 사진 촬영에 성공한 후 연구에 필요한 자금을 얻기 위해 노력했지만 별다른 성과를 올리지 못한 채 루이 다게르(Louis Jacques Mande Daguerre, 1787~1851)를 만났다. 엘리오그라피에 관심이 많던 다게르는 렌즈를 공급하는 광학상을 통해 니에프스를 알게 되었고, 니에프스는 처음에 의도적으로 접근하는 다게르를 경계했다. 그러나 불분명하고 흐릿한 이미지 대신 더 선명한 이미지를 얻을 수 있는 렌즈와 암상자의 필요성을 느꼈던 니에프스는, 실제 현실을 보는 듯한 착각을 일으키는 극장 무대인 디오라마를 제작하는 파리의 극장 화가이자 성공한 사업가였던 다게르

◉ 루이 다게르.

의 협력을 끝까지 마다할 수 없었다.

　이후 니에프스는 다게르의 반복되는 시도에 호감을 느꼈고 두 사람은 1829년 9월 사진 완성을 위한 협약서에 서명을 했다. 협약서에 따르면 니에프스는 자신이 발견한 모든 내용을 다게르에게 공개해야 했고 다게르는 암상자를 제공하여 발명의 완성에 기여해야 했다. 그러나 4년 뒤 1833년에 니에프스는 카메라 옵스큐라에 필요한 조리개 등을 발명하는 등 주된 업적을 남겼으나 그 사실이 널리 알려지지 않은 채 세상을 떠나고 말았다. 반면에 다게르는 프랑스 정부의 후원 아래 니에프스의 발명에 자신의 능력을 더하여 사진에서 새로운 명성을 얻었다.

프랑스 정부의 후원, 다게레오타입

다게르는 1831년 무렵 노출 시간을 단축해야 한다는 생각에 다시 은을 사용하여 은도금 동판으로 실험했고 이 동판에 요오드 증기로 감광성을 부여했다. 이렇게 만들어진 요오드화은 위에 카메라 옵스큐라로 찍은 형상을 새길 수 있었지만 그 상이 뚜렷하지 않았다. 그러던 어느 날 다게르는 사진을 촬영하다가 날씨가 좋지 않자 노출을 주어 촬영한 사진 원판을 여러 가지 약품이 있던 화학 약품 상자에 넣어 두었다. 며칠 뒤에 다게르가 상자에서 이 판을 꺼냈을 때, 판 위에 아주 선명한 상이 새겨져 있었다. 수은 증기가 감광된 부분에만 선택적으로 달라붙어 상이 선명하게 드러난 것이다.

다게르는 최초로 양화 사진(밝은 부분과 어두운 부분이 실물과 같이 나오는 사진)을 만든 후 '다게레오타입' 혹은 '은판사진법'라는 자신의 사진술을 세상에 공개했다. 1835년부터 파리의 몇몇 신문들이 다게레오타입에 대해 짤막하게 언급하기는 했지만, 그 방법은 거의 비밀에 부쳐졌다. 단지 발명에 관한 소문이 예술계와 과학계를 중심으로 돌았고, 다게르와 가깝게 지내던 극소수의 사람들과 과학아카데미의 몇몇 회원들만이 그 상을 볼 수 있었다.

다게르는 1838년에 다게레오타입을 통해 최초로 완성된 사진인 '탕플 대로의 광경'을 묘사한 사진을 얻었다. 〈탕플 대로의 광경〉를 보면 움직이는 물체들의 자취가 없다. 대로에 인파와 마차들이 분주히 움직이고 있지만 구두를 닦고 있는

⊙ 루이 자크 망데 다게르, 〈탕플 대로의 광경〉, 1838년경.

한 사람을 제외하고 모두 사라져 버렸다. 또한 구두를 닦는 사람의 발은 전혀 움직이지 않고 있다. 프랑스 현대 소설가 미셀 투르니에(Michel Tournier)는 이 사진에 대해 "파리가 중성자탄의 공격을 받은 듯 건물과 도로는 현실 그대로인데 움직이는 생명체는 흔적도 없이 사라지고 없었다."라고 평했다. 즉 다게레오타입으로 촬영하면 움직이지 않는 물체는 하나도 빠짐없이 정확하게 은판 위에 기록되지만 움직이는 물체는 느린 감도와 어두운 렌즈 때문에 포착할 수 없다는 것이다.

당시 유명한 학자이자 공화파 의원이었던 프랑수아 아라고(Francois Arago)는 과학적 관심과 함께 정치적 목적에서 다게레오타입을 후원했다. 아라고는 1839년에 파리에 있는 과학아카데미와 미술아카데미의 합동 회의에서 다게르의 새로운 발명품에 대한 정보를 소개함과 동시에 사진술의 국가 매입을 하원에 요청했다. 이후 프랑스 정부는 다게르에게 평생 연금을 주는 조건으로 그의 발명권을 매입하기로 결정했다.

아라고가 1839년 8월 다게르의 발명권을 매입하면서 다게르는 오랫동안 사진을 최초로 발명한 사람으로 알려졌다. 또한 다게르의 발명품은 영국을 제외한(다게레오타입은 왕립학회 회원이었던 윌리엄 탤벗(William Henry Fox Talbot)의 발명품인 음화로 노출 현상을 처리하는 '칼로타입'과 경쟁했다) 아무런 제한 없이 누구나 사용 가능하게 되었다.

다게레오타입은 여러 가지 결점이 있지만 미학적으로 사람들의 눈길을 끌었다. 다게레오타입은 은으로 도금한 동판이었기 때문에 원판으로 상을 복제하는 것이 불가능하여 좌우가 바뀐 단 한 장만 가능했고 날씨, 대기의 상태, 촬영 시점, 절기, 렌즈의 성격, 피사체의 성격 등 수많은 요인들이 복합적으로 작용해 촬영 시간이 너무나 오래 걸렸다. 이러한 불편함 때문에 다게레오타입은 처음에 풍경이나 정물 사진에 많이 이용되었다.

그러나 1841년을 전후로 다게레오타입이 개선되어 살아 움직이는 사람을 자연스럽게 표현하자 사람들은 자신의 모습을 영원히 보존하기 위해 가장 좋은 옷을 입고 가장 멋진 자세로 초상화를 찍기 시작했다. 사진을 통해 자신의 욕망을 표현하고자 했던 사람들의 욕구는 프랑스를 넘어 전 세계로 빠르게 퍼져 나갔다.

지구의 움직임을 포착하다

플라톤은 『티마이오스』와 『크리티아스』에서 기원전 9500년 헤라클레스의 기둥(지브롤터 해협)의 바깥쪽 대해(大海) 가운데에 아틀란티스 대륙이 있다고 주장했다. 기록에 따르면 아틀란티스는 일종의 낙원으로 리비아와 아시아를 합친 것보다 더 큰 섬으로, 아름답고 신비한 과일이 나며 땅속에 온갖 귀금속이 풍부하게 묻혀 있다고 한다. 그러나 사람들이 점점 탐욕스러워지고 부패하기 시작하자 신이 노하여 아틀란티스에 재앙을 내렸다. 대지진과 홍수가 일어나 아틀란티스 섬은 하루아침에 영원히 바닷속으로 가라앉고 말았다.

아틀란티스 대륙에 대한 전설은 역사적 근거가 빈약함에도 불구하고 많은 사람들의 호기심을 자극했고, 오늘날에도 과학자들 사이에서 아틀란티스의 존재를 증명하려는 노력들이 끊임없이 진행되고 있다. 예를 들어 대서양 중앙해령의 일부인 카나리아 제도나 아조레스 제도 등의 화산섬이 이 대륙의 일부라거나, 이들 제도의 동식물이 유럽이나 아메리카의 동식물과 닮았다거나, 살아남은 아틀란티스 인이 아메리카 대륙의 고대 문명인 아스텍 문명을 만들었다는 등 여러 설이 있다.

특히 영화 〈아틀란티스〉는 1914년 초 지도 제작자이자 언어학자가 잃어버린 제국을 찾을 수 있는 열쇠를 제시하며 아틀란티스의 존재를 인정하는 데서 시작한다. 꿈과 환상의 대륙인 아틀란티스는 그 모습을 바꾸어 과학계에 다시 등장하였다. '팡게아 이론'라고 불리는 대륙이동설, 그 이야기 속으로 들어가 보자.

● 영화 〈아틀란티스-잃어버린 제국(Atlantis : The Lost Empire)〉.

지구는 하나의 초대륙, 팡게아

지금은 우리가 발을 딛고 서 있는 이 거대한 대륙이 조금씩 움직이고 있다는 말에 크게 놀라는 사람이 없다. 그러나 이 이야기가 처음 나왔을 때에는 말도 안 되는 이야기로 치부되며 극심한 비난이 잇따랐다.

독일의 기상학자 알프레드 베게너(Alfred Wegener, 1880~1930)는 베를린에서 태어나 천문학을 전공한 후 항공연구소에서 일했다. 그는 그곳에서 기상학, 지질학, 고생물학 등을 폭넓게 연구하면서 북극으로 탐험을 나가기도 했다. 1910년 어느 날 베게너는 북극 탐험에서 돌아와 우연히 세계지도를 보다가 대서양의 양쪽 해안선이 서로 일치한다는 것을 발견했다. 베게너는 순간적으로 '원래 두 대륙은 하나가 아니었을까?' 하고 추측했지만 처음에 그것에 큰 의미를 두지는 않았다.

그러던 차에 베게너는 1911년에 마르부르크 대학 도서관에서 자료를 찾던

● 독일의 기상학자 베게너.

중 한 고생물학자의 연구 논문에서 대서양 양쪽 해안선이 옛날에 서로 연결되었을 가능성이 높다는 대목을 읽게 되었다. 두 대륙이 예전에 하나로 붙어 있었다는 육교설에 대해 의문을 제기한 베게너는 지질학과 고생물학 분야의 논문을 종합적으로 분석한 끝에 과거에 하나였던 대륙들이 움직였을지 모른다는 '대륙이동(continental drift)의 가능성'을 고려하기 시작했다.

수많은 탐사 끝에 자신의 생각에 확신을 가진 베게너는 1912년 독일 프랑크푸르트에서 열린 독일지질학회에서 대륙이동설에 관한 첫 논문을 발표했다. 그는 논문에서 "전 세계 대륙은 원래 '팡게아(pangaea, 그리스어로 '모든 육지'라는 뜻)'라는 하나의 초대륙으로 한 덩어리를 이루고 있었으나 이 초대륙이 점차 이동하여 오늘날과 같은 5대양 6대주가 되었다."고 주장했다.

베게너는 자신의 주장을 입증할 자료들을 제시했으나 학자들은 "지구가 자유자재로 움직인다는 이야기는 비약적이고 이상하고 구차스럽다. 이 가설은 연구자가 아니라 종교 맹신자의 주장과 다름없다."라며 가혹하게 비난했다. 즉, 당시 지질학자들은 '전문가도 아닌 기상학자'가 직관에 근거하여 황당한 주장을 한다고 여긴 것이다. 결국 베게너의 대륙이동설은 학계의 주목을 받지 못한 채 논의의 대상에서 벗어나고 말았다.

대륙은 어떻게 이동할까

베게너는 대륙이동설과 관련된 새로운 사실을 추가하여 1915년에 『대륙과 해양의 기원』이라는 제목으로 소책자를 출간했다. 그러나 학계가 그 이론을 신랄하게 비난하던 것과 다르게, 그 책은 상상을 초월할 정도로 많이 팔려 베스트셀러가 되었다. 이제 지질학자들은 널리 알려진 베게너의 이론을 논의의 대상으로 삼지 않을 수 없었다.

베게너의 대륙이동설에 따르면 3억 년 전 지구는 가상의 원시 대륙인 팡게아였고, 팡게아는 중생대의 쥐라기와 백악기, 그리고 신생대를 거치면서 서로 분열하여 여러 조각으로 떨어졌다. 대륙의 움직임은 크게 남·북아메리카 대륙처럼 서쪽으로 향한 운동과 인도나 오스트레일리아 대륙처럼 적도를 향

하는 운동이 일어났다. 즉, 대륙들이 서쪽으로 이동하거나 적도를 향하여 운동한 것이다.

베게너는 자신의 생각을 구체적으로 증명하기 위해 수많은 여행 중 수집한 대륙이동설을 뒷받침하는 지형학적·지질학적·기후학적·고생물학적 증거들을 제시했다. 예를 들어 단순히 해안선이 일치할 뿐만 아니라 분리된 대륙의 주변, 즉 아프리카와 남아메리카에 분포하는 지질 구조들이 같은 시기(중생대 퇴적층)에 생성되었으며 두 대륙의 해안가에서 같은 종류의 생물들이 서식했다는 것이다.

베게너가 제시한 근거는 오늘날의 시각으로 보아도 대부분이 옳은 내용이었지만, 당시 대부분의 지질학자들은 베게너의 주장에 대해 "대륙은 영구불변하며 다만 침식에 의해 표면이 깎여 나갈 뿐"이라고 반박했다. 또한 그들은 베게너를 "퍼즐에서 모양을 임의대로 바꾸어 조각을 맞추는 어린아이 같다."고 비난했다. 이러한 비난의 배경에는 이 거대한 대륙을 이동시키는 힘의 원동력이 무엇이냐는 물음이 숨겨져 있었다. 당시 사람들은 베게너가 그 원인을 제시하지 못했기 때문에 그의 이론을 믿을 수 없었던 것이다.

미국 프린스턴 대학의 해리 헤스(Harry Hammond Hess) 교수는 1953년에 해양지각이 확장을 일으킨다는 '해저확장설'을 주장했다. 당시의 학자들은 대륙과 해양을 구성하는 지각판의 구조와 성분이 균일하지 않다는 사실을 발견했다. 지질학자들은 대륙의 형성을 단순히 육괴(陸塊, 주변의 암성보다 견고한 암석으로 구성된 암석의 큰 덩어리)의 상승과 하강으로 설명할 수 없었다.

이러한 사실에 기초한 헤스의 주장에 따르면, 중앙해령 사이에 솟아오르는 고온의 맨틀(mantle)이 새로운 해저 지각을 만들고 그 지각은 양쪽으로 멀어진다는 것이다. 움직이지 않는다는 기존의 시각과 다르게 지각은 '매우 유동적'

이라는 주장이었다. 이는 베게너의 이론이 맞다는 것을 입증하는 증거였다.

헤스는 동부 태평양에서 남북 방향으로 연속되는 특이한 고지자기 줄무늬가 존재한다는 사실을 발견한 후 해저확장설에 대한 논문을 발표했다. 당시 암석의 자연잔류자기의 방향을 측정하여 먼 과거의 지자기의 역사를 알 수 있는 고지자기학 연구가 활발하게 진행되면서 지질학에서 획기적인 발전이 이루어지기 시작했다. 이처럼 과거 지자기의 방향이 그대로 보관된 옛 암석들이 집중적으로 연구되면서 대륙이동설을 뒷받침하는 증거들이 속속 발표되었다. 또한 여러 해양에서 똑같은 현상들이 관측되자 여러 학자들이 해저확장설을 주장하는 논문들을 잇따라 발표했다. 즉, "대양지각은 새로 만들어지고 해양저는 양쪽으로 확장된다."는 것이다. 이러한 주장들 덕분에 대륙이동설은 점점 학설로 굳어지기 시작했다.

이후 대륙이동설과 해저확장설을 포함한 광범위한 내용을 다룬 '판구조론'이 정립되면서 대륙이동설은 하나의 이론으로 정립되었다. 판구조론은 팡게아에서 시작하여 지구가 10여 개의 판으로 나눠져 있으며 이 판들이 서서히 움직이면서 거대한 대륙을 끌거나 밀어 주게 되고 이에 따라 지구 표면이 변한다는 이론이다. 대륙이동설에서 시작한 판구조론의 정립은 지구과학 이론에 새로운 지평을 열었다.

꼬여 있는 DNA의 신비를 풀다

모든 생명체의 근간이며, 모든 세포에 들어 있는 유전 인자인 DNA 구조의 발견은 과학계에만 중요한 사건일까? 예술계에서 바라본 DNA의 모습은 어떨까? 〈절박한 인간불멸에 관한 염색체 말단 소립화 사업(Telomeres Project on Imminent Immortality)〉이라는 조각을 보자.

작가 엘렌 샌더(Ellen Sandor)는 한 인터뷰에서 1953년에 콜드 스프링 하버 연구소에서 밝혀낸 이중나선의 DNA 구조를 토대로 이 조각을 만들었고, 크기가 단지 1조 분의 1센티미터에 지나지 않은 이중나선 DNA의 한 가닥 줄을 풀면 그 길이는 거의 200센티미터에 이르게 된다고 설명한 후, 예술가라기보다 과학자의 심정으로 DNA 염색체 말단에서 발견되는 '텔로머'를 묘사했다고 말했다. 이 작품에 담긴 작가의 바람은 이랬다.

"텔로머는 인간 수명이 극적으로 연장된 것에 대한 열쇠를 가지고 있는지 모른다. 우리가 텔로머 효소 생성 과정을 계속 진행시키다가 중지하여 세포의 어느 집단이 죽거나 죽지 않는 것을 조종할 수 있다면, 우리는 암이나 후천성

면역결핍증의 면역 체계를 만들 수 있어 무수한 생명체의 생명을 구할 수 있는 힘을 갖게 될 것이다."

과학자뿐만 아니라 예술가들은 과학사에서 획기적인 사건인 DNA 자체와 DNA 구조 발견에 관심을 가지며 이를 작품으로 표현하려는 모습을 보이고 있다. 한편 '판도라의 상자'를 사이에 두고 정치적 · 윤리적 · 종교적으로 숨겨져 있는 문제들이 논의의 대상으로 부각되고 있다.

● 〈절박한 인간불멸에 관한 염색체 말단 소립화 사업〉, 엘렌 샌더, 2001.

왓슨과 크릭의 운명적인 만남

우리들이 누리고 있는 삶의 방식과 사고의 체계는 수많은 발명과 발견에 따라 새로운 모습으로 변하고 있다. 널리 알려진 3대 발명품에서 시작하여 산업사회의 기폭제가 된 증기기관이나 철도, 인간의 수명을 연장시켜 주는 각종 의약품 등 수없이 많은 것들이 우리들의 모습을 바꾸고 있다. 특히 20세기 중반 DNA 구조의 발견은 지구상에 존재하는 수백 만의 생물체에 대한 정보를 푸는 데 기여했을 뿐만 아니라 인간의 삶에 대한 새로운 해답을 제시해 주고 있다.

마구 어질러진 연구실의 중앙 탁자에 1.2미터 높이의 분자 모형이 놓여 있다. 이 모형은 철사와 금속 조각을 나사와 볼트로 이어 만든 후 증류기 스탠드를 뼈대 삼아 만든 것이다. 이 모형을 만든 사람이 바로 제임스 왓슨(James Watson, 1878~1958)과 프랜시스 크릭(Francis Crick, 1916~2004)이다. 마른 체격의 두 사람은 흰색 셔츠에 평범한 타이를 매고 겉에 진한 색깔의 낡은 양복

● DNA 이중나선 구조를 발견한 왓슨과 크릭.

을 입고 있다. 서른여섯 살의 영국인 생물학자 크릭은 주머니에 손을 넣은 채 모형의 왼쪽에, 그보다 열 살 어린 미국인 왓슨은 반대쪽에 서서 환하게 웃고 있다.

1950년대 초반에 과학계를 떠도는 방랑자로 불렸던 왓슨은 동물학을 공부하기 위해 입학한 대학에서 별다른 만족감을 느끼지 못한 채 화학 및 생화학 지식들을 공부하고 있었다. 그러던 차에 1869년 처음 발견된 생화학 물질인 DNA의 X선 회절 연구를 주제로 하는 영국 출신의 생물물리학자인 모리스 윌킨스(Maurice Wilkins)의 강연을 듣게 되었다. 왓슨은 윌킨스의 강연을 들은 후 이전부터 가지고 있었던 '세대 간에 유전 정보가 어떻게 전달되는가? 생화학적 차원에서 이 메커니즘이 어떻게 작용하는가?' 하는 질문에 대해 깊이 생각하게 되었다.

당시 생물학자들은 "개체 발생 과정에서 단백질이 유전 정보를 전달한다."고 주장했지만 그 주장을 입증하거나 반박할 만한 증거들은 없었다. 반면에 일부 연구자들은 단백질이 아니라 DNA가 유전정보를 전달한다고 주장했다. 대표적으로 파지그룹(Phage Group)은 박테리아를 감염시키는 바이러스인 박테리오파지를 주된 연구 대상으로 정하고 유전적 실험에 착수하여 어떻게 유전자가 스스로 복제하는지 연구하는 집단이었다.

파지그룹에 속한 사람들 중 대부분은 유전자의 구조와 화학적 본성에 대해 큰 관심을 갖고 있었다. 1930년대 말 파지그룹은 핵산이 아니라 단백질을 주요 연구 대상으로 삼았으나 유전자의 구조와 기능에 관련된 문제의 해답을 얻지 못했다. 이후 1950년대에 들어서 파지그룹은 방사선 동위원소를 이용하여 파지의 DNA가 새로운 파지의 복제에 관계되는 생화학 물질임을 밝혔다. 그에 따라 DNA는 유전 현상을 지배하는 핵심 물질로서 그 중요성이 부각되었다.

왓슨은 1950년에 파지그룹의 일원인 생물학자 루리아(Salvador Luria) 밑에서 파지 유전학으로 박사 학위를 받았다. 이후 DNA의 구조를 발견하는 유일한 방법은 자신이 아직 배우지 못한 X선 결정학에 있음을 알고 있었던 까닭에, X선을 이용하여 헤모글로빈을 연구하고 있던 케임브리지 캐번디시 연구소에서 연구를 시작했다. 왓슨은 그곳에서 공동 연구자로 크릭을 만났다.

크릭은 물리학을 공부한 후 물리학과 화학의 개념을 이용해 생물학적 현상을 설명할 수 있다고 여겼다. 크릭은 당시 X선 결정학 분야의 권위자였던 버널(John Desmond Bernal)과 함께 연구하고 싶었으나 그가 거절하자 케임브리지 캐번디시 연구소에서 헤모글로빈의 구조를 연구하고 있었다. 크릭은 왓슨을 만나 DNA의 X선 회절 유형에 대한 연구에 참여하게 되었다.

신비한 이중나선의 비밀, AGCT

왓슨과 크릭은 다른 사람들이 놓친 곳에서 중요한 사실을 발견될 것이라는 믿음을 갖고, 당시까지 발견된 수많은 사실들을 종합하고 여기에 자신들의 의견을 더하며 DNA의 구조를 찾기 시작했다. 우선 그들이 살펴본 것은 수년 동안 DNA에 관해 연구한 윌킨스와 그의 공동 연구자인 로잘린드 프랭클린(Rosalind Franklin, 1920~1958)이 X선 구조결정학 연구에서 얻은 결과였다. 그들의 X선 사진에 따르면, DNA의 분자는 3.4옹스트롬(Å)의 거리를 두고 규

● 윌킨스의 공동 연구자인 로잘린드 프랭클린.

칙적으로 반복되는 나선형의 기하학적 구조를 가
지고 있었다. 그러나 이러한 기하학적 구조 안에
서 DNA 분자가 어떻게 화학적 안정성을 유지하
는지 그 이유는 밝혀지지 않은 상황이었다.

당시 크릭은 DNA 분자 내에서 같은 종류의 염
기들이 어떻게 쌍을 이루어 결합하는가에 대해 의
문을 갖고 있었다. 두 사람은 1951년에 생물학에
관심을 갖고 있는 수학자 존 그리피스(John Griffith)
에게 염기가 어떻게 조합하는 것이 가능성이 큰지
계산해 달라고 부탁했다. 그리피스는 "같은 종류의 염기들보다 다른 종류의 염
기들, 즉 아데닌(A)과 티민(T)이 그리고 구아닌(G)과 시토신(C)이 상대적으로
약한 수소결합으로 연결될 수 있다."고 알려 주었다. 그러나 두 사람은 1953년까
지 자신들의 예상에서 벗어난 그리피스의 답변을 중요하게 여기지 않았다.

두 사람은 1952년 6월에 케임브리지를 방문한 오스트리아 출신의 생화학
자 에르빈 샤가프(Erwin Chargaff, 1905~2002)를 만나 '샤가프의 비율'에 대한
이야기를 듣게 되었다. 당시 컬럼비아 의대에서 활동하고 있던 샤가프는 생
명체마다 DNA 조성에 차이가 있는지 알기 위해 DNA 염기를 정량적으로 분
석하고 있었다. 샤가프는 박테리아를 비교한 뒤 종에 따라 DNA 내 염기의
비율이 다르다는 것을 알았다.

특히 샤가프는 "DNA 분자 내에서 아데닌(A) 대 티민(T), 구아닌(G) 대 시
토신(C)의 비율이 1:1로 존재한다."는 것을 발견했다. 그러한 규칙성이 무엇
을 의미하는지 몰랐던 샤가프는 1952년에 두 사람을 만나면서 그들에게 그
정보를 알려 주었던 것이다. 두 사람도 당시 그 법칙의 중요성을 제대로 인식

하지 못했으나, 그로부터 3년 뒤에 DNA 복제 메커니즘의 실마리를 풀면서 그 중요성을 알게 되었다.

또한 두 사람은 1950년에 화학자 라이너스 폴링(Linus Carl Pauling, 1901~ 1994)이 발표한 단백질의 폴리펩티드 사슬과 알파—나선 구조에 관한 논문에서 쓴 접근법을 자신의 연구에 적용했다. 폴링에 따르면, 먼저 이론적 고찰을 바탕으로 모형을 세우고 다음에 그것을 X선 결정학 기법에 의해 확인하는 것이었다.

왓슨과 크릭은 샤가프와 그리피스, 그리고 폴링의 연구 결과를 종합한 끝에 'DNA를 구성하는 특정 염기들의 비가 1:1이라는 샤가프의 규칙과 그 염기들 사이에 미치는 힘이 수소결합'이라는 결과를 이끌어 냈다. 다음에 규칙적으로 반복되는 나선 구조를 만족하는 모형을 만든 다음에 그것을 DNA의

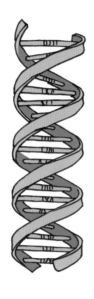

X선 회절 사진과 비교하고 검토했다.

두 사람은 1953년 4월에 이중나선 구조를 가진 DNA 모형을 과학 저널 「네이처(Nature)」에 발표했다. 그들이 제시한 DNA 모형은 DNA의 구조 자체를 설명했지만, DNA가 어떻게 작용해 수많은 단백질을 만드는지에 대한 답은 제시하지 않았다. 1953년 이후 오랜 시간이 지난 오늘날 DNA 모형은 화학 규칙들과 정확히 들어맞을 뿐만 아니라 지구상에 존재하는 수백만의 생물체에 관한 인체의 정보를 부호화(encoding)하여 설명하는 것으로 널리 알려졌다.

철도, 산업화 시대를 가져오다

18세기에 곳곳에 철도가 놓이면서 많은 사람들이 여행을 다니게 되었고 그에 따라 여행길에서 경험했던 내용들을 담은 여행 소설이 출간되었다. 그 내용들은 시기에 따라 환경에 따라 다양한 형태로 표현되었다. 『철도의 여행 역사』에서 1885년 돌프 슈트린베르크(Dolf Sternberger)는 기차로 여행하며 경험한 것들을 다음과 같이 묘사하고 있다.

> 사람이 열차의 창을 통해 아무것도 볼 수 없다는 것은 잘못된 생각이었다. 진실은 무관심한 시선이 단지 늘어선 덤불과 전신주들에 떨어진다는 것이다. 그러나 나는 3년간의 연습 후, 객차의 창을 통해 들어오는 풍경, 꽃, 시골집들, 농기구들을 보고하고 묘사했다. 물론 나는 아무에게도 낯선 땅을 단지 차창을 통해 보고 서술하라고 충고하지는 않을 것이다. 왜냐하면 이를 하기 위한 조건은 아주 간단하기 때문인데 이 조건이란 그 전에 모든 것을 아는 것이다. 시체 해부가 단지 사람들이 이전에 이미 연구한 것을 정당화하는 것처럼 말이다.
>
> — 슈트린베르크의 『철도 여행의 역사(1885)』에서

● 볼프강 쉬벨부쉬의 『철도여행의 역사』.

이는 사람들이 열차를 이용해 여행을 하면서 수많은 전망들을 스쳐 지나가며 보지만, 실제로 여행을 하면서 그 전망들과 관련된 깊이 있는 사고들을 하지 않게 되었다고 지적하고 있다. 동시에 그 자리에 그때까지 존재하지 않았던 새로운 영역이 자리잡는다. 그것은 바로 오늘날 전철이나 버스 등에서 쉽게 볼 수 있는 '독서'다. 이러한 변화가 있기까지 어떠한 일들이 일어났는지 그 세계를 먼저 보자.

산업화 시대의 상징, 증기기관

17세기 말 효율적인 에너지원이 필요하다는 인식이 널리 퍼지면서 새로운 발명품들이 만들어졌다. 탄광업은 인구 증가에 발맞추어 성장했으나 그에 따르는 제약도 있었다. 표층 매장물이 고갈되면서 갱도는 더 깊이 내려갔고 갱도에 지하수가 차는 속도도 빨라졌다. 갱도에서 물을 제거하는 전통적인 방법은 가축을 이용하는 것이었으나 17세기 말에 불을 사용하여 물을 끌어올리는 장치인 화력기관이 개발되었다. 다양한 형태의 화력기관이 발명되면서 실용적인 증기기관도 발명되었다.

토머스 뉴커먼(Thomas Newcomen, 1663~1729)이 1712년에 최초로 만든 실용적인 증기기관은 피스톤의 상하 운동에 의해 움직여 흔히 대기압 증기기관으로 알려져 있다. 뉴커먼의 증기기관은 일단 수증기가 들어가 실린더를 데

워 준 다음에 그 뜨거워진 실린더에 냉수를 뿌려 넣어 실린더 전체를 식혔다가 다시 수증기를 넣어 주는 과정이 반복되었다. 뉴커먼의 증기기관은 같은 과정이 반복되는 약점 때문에 열효율이 떨어졌지만 당시에는 기계라기보다 거대한 건조물 같은 형태로 대도시의 수도용 이외에 광산업에 널리 보급되어 있었다.

증기기관을 완성하여 산업혁명의 길을 연 사람은 제임스 와트(James Watt, 1736~1819)다. 와트는 1769년에 뉴커먼 증기기관의 문제점을 보완하기 위해 고심한 끝에 뉴커먼의 증기기관을 개량한 실용적인 증기기관을 발명했다. 와트는 뉴커먼 증기기관의 증기 소비량이 많은 것은 각 작업 과정에서 실린더의 냉각에 있다는 것을 인식한 후, 증기의 응축을 실린더와 분리된 용기 내에서 행하는 '복수기'를 만들었다.

실린더 옆에 새로 장치를 만들어 달아 수증기를 그곳으로 끌어들여 식히고 실린더는 뜨거운 상태를 유지하는 것이다. 이후 증기 응축은 실린더 자체의 내부가 아니라 분리된 용기 안에서 이루어졌고, 실린더의 가열과 냉각의 반복이 줄어들자 종래의 기관에 비해 연료가 75퍼센트나 절약되었다.

그러나 이 새로운 장치를 더 효율적으로 만들려면 실린더를 더 튼튼하고 정밀하게 제조하는 기술이 필요했다. 1770년대에 들어서 와트의 증기기관은 보급 단계로 들어섰지만 잘 팔리지 않았고 1772년에 불경기에 시달리면서 와트가 동업하고 있던 사업체는 문을 닫고 말았다. 그러나 1774년에 존 윌킨슨이 대포 구멍을 파는 기술을 활용하여 좋은 실린더를 제작하면서 와트의 증기기관은 제 역할을 하게 되었다. 1776년부터 와트의 증기기관은 뉴커먼의 증기기관을 따돌리고 더 많이 생산되고 보급되기 시작했다.

이외에 기계공업에서 종래의 시계 공업과 자동차 제조업의 전통적 기술을 전수받으면서 정밀도 높은 자동선반과 공작기계가 제작되었다. 시장의 확대를 필요로 하는 공장제 기계공업의 발전은 대량의 철광석과 석탄 등 원료 및 대량 생산된 제품을 빠른 속도로 수송하는 운송교통 기관의 혁명을 요구했다. 운하와 교량의 제조, 증기기관차와 기선 등이 개발되면서 교통과 운수의 혁신은 가속화되었고 철도산업과 조선업이 부흥했다.

철도가 발휘한 엄청난 위력

19세기 초 육상이나 해상을 증기의 힘으로 움직이는 교통기관이 등장했다. 와트의 증기기관은 공장의 동력 발생뿐만 아니라 증기기관차 및 증기선에 응용되었다. 철도 위를 달린 와트의 증기기관은 초기에 석탄 수송에 쓰였고, 특히 1814년 영국의 기술자 조지 스티븐슨(George Stephenson, 1781~1848)이 세계 최초로 발명한 증기기관차는 속도와 능률이 뛰어나 철도의 시대를 여는 데 중요한 역할을 했다.

● 조지 스티븐슨이 1829년에 발명한 '로켓'.

당시 스티븐슨은 다음과 같은 말을 통해 "철도는 왕과 그 백성들을 위한 위대한 도로가 될 것"이라고 예언했다.

"철도는 이 나라의 모든 수송 방법을 대체하게 될 것이다. 우편 배달차는 철도로 움직이게 될 것이다. 앞으로 철도는 국왕과 시민들에게 위대한 공공 도로가 될 것이다. 바야흐로 여행하는 사람들이 걸어서 여행하는 것보다 철도로 여행하는 것이 편안한 시대가 다가오고 있다."

스티븐슨의 말처럼 철도가 개통되면서 기술 및 생산력의 중요한 물적 기초가 만들어졌다. 철도는 신속성, 대량 수송, 진행의 규칙성이나 안정성에서 뛰어났고, 운임도 저렴하여 자본주의적 생산 방법의 확장과 세계시장 획득의 강력한 수단이 되었다. 1830년대 프랑스, 1835년 독일, 1837년 네덜란드에서 철도가 개통되었고, 1869년에 미국 최초로 대륙횡단철도가 개통되었다. 철도의 빠른 보급은 제철공업이나 기계 제작업 등의 중공업의 시장이 넓어져 그 부문의 급성장을 가져왔다. 실제로 철도 마니아들이 등장했고 세계의 육지는 조밀한 철도망으로 덮이기 시작했다.

철도를 전국적인 일반 교통수단으로 만들려는 계획 아래 마차 대신에 철도의 이용이 증가하면서 커다란 변화가 일어났다. 먼저 노동력이나 육체적인

힘의 소모를 감소시켰을 뿐만 아니라 시간과 공간에 대한 기본적인 개념들을 변화시켰다. 즉, 사람들은 철도를 통해 예전에 가 보지 못한 새로운 공간을 마음대로 가게 되었지만 그 공간에 가는 동안 만나는 여러 다른 공간의 존재를 잊게 되었다. 더욱이 철도는 정확한 시간에 출발하고 일정한 시간 내에 목적지에 도착하기 때문에 사람들은 시간을 더욱 중요하게 여기게 되었다.

한편 기술 혁신은 가격 인하와 그에 따른 수요 증가 등을 가져와 산업혁명을 부추긴 요인으로 작용했다. 그러나 도시화와 산업화가 가속화되면서 산업 재해와 공해 등으로 사회적 문제가 발생했다. 산업혁명 시기에 석탄과 철이 기술의 발전 단계를 상징하는 기본적인 에너지원으로 부각되면서 영국의 산업 중심 지대는 '검은 도시' 라 불릴 만큼 환경오염이 심했다. 또한 영국의 산업혁명은 유럽과 미국 등 다른 나라에 파급되었고 영국 사회에 많은 변화를 가져왔다.

핵폭탄, 전쟁의 시작을 알리다

맨해튼 프로젝트(제2차 세계대전 때 실시된 미국의 원자폭탄 개발 계획)의 팀장을 맡고 있는 로버트 오펜하이머 박사는 전쟁을 끝낼 새로운 무기를 은밀하게 개발 중이고, 이 임무를 책임지고 있는 레슬리 그로브스 장군은 과학기술의 발전과 인류의 파멸이라는 윤리적 갈등 속에서 헤어 나오지 못하고 있다. 원자폭탄이 만들어지기까지 숨은 이야기를 정교하게 그리고 있는 영화 〈멸망의 창조〉의 일부다.

1950년대에 만들어진 영화 〈정오까지 앞으로 7일(Seven Days to Noon)〉에서는 마치 어린아이처럼 순진한 물리학자가 자신이 설계한 원자폭탄에 대한 걱정에서 급기야 정신분열 상태에 이르고 만다. 가방에 폭탄을 훔쳐 달아나면서 만약 영국이 핵무기 폐기를 약속하지 않는다면 폭탄과 함께 자폭하여 런던 전체를 날려 버리겠다고 협박한다.

많은 과학자들이 처음부터 무시무시한 위력을 가진 원자폭탄을 만들기 위해 연구에 몰두했던 것은 아니지만 고도로 발달한 과학기술을 바탕으로 만들

어진 원자폭탄은 평화적인 목적으로 사용되는 경우보다 과학 기술에 내재된 위험성을 상징하는 경우가 많다. 사람들 마음속 깊이 숨은 욕망이나 국가마다 추구해야 할 이익을 위해 하나의 수단으로 작용하는 경우다.

영화 속 모습들처럼 수많은 과학적 발견이 전 인류를 파멸로 몰고 가는 것은 아닐까 전전긍긍하며 살 필요는 없지만 과학적 발견들이 정당하게 사용되고 있다는 것을 확인하는 일은 꼭 필요한 과정이기도 하다.

핵분열 반응의 발견

20세기로 넘어갈 무렵 과학사에서 기록될 만한 획기적 발견 중 하나는 핵분열이다. 핵분열 발견에서 큰 역할을 한 과학자 리제 마이트너(Lise Meitner,

1878~1968)는 오스트리아의 빈에서 태어나 일찍부터 수학에 재능을 보여 아버지의 지원 아래 빈 대학 물리학과에 입학했다. 당시 저명한 볼츠만(Ludwig Boltzmann, 1844~1906)의 지도 아래 1906년에 최고의 성적으로 졸업하고 최초의 여성 물리학 박사가 되었다.

● 막스 플랑크.

이후 마이트너는 1907년에 당시 유명했던 막스 플랑크(Max Planck, 1858~1947)의 수업을 듣기 위해 베를린에 정착했다. 처음에 막스 플랑크는 마이트너가 여성이라는 이유로 홀대했지만 그녀의 능력을 알아본 후 방사능 물질을 연구하고 있던 오토 한(Otto Hahn, 1879~1968)과 공동 작업을 하도록 주선했다. 여성에 대한 차별이 극심했던 시기에 마이트너는 차별을 굳건히 이겨 내며 연구에 몰두했다.

제1차 세계대전(1912~1918) 직전에 오토 한이 새로 설립된 카이저-빌헬름 연구소(후에 막스 플랑크 연구소로 개칭)로 옮기면서, 마이트너도 함께 이동하여 방사선 원소에 대한 공동 작업을 계속했다. 오토 한은 실제로 실험에 매달리는 화학자로서 실험 계획 및 실행에 매우 뛰어났다면, 마이트너는 체계적이고 독창적으로 사고하는 물리학자로서 연구에 필요한 이론적 바탕을 제공하는 능력이 탁월했다. 각각의 장점을 지닌 두 사람은 공동 작업을 하면서 1918년에 프로탁티늄(Pa)이라는 원소를 발견하는 등 수많은 발견과 학문적 결실을 맺었다.

1934년 무렵에 마이트너와 오토 한은 이탈리아의 페르미가 먼저 시작한 방사능 물질의 원자에 중성자를 쏘았을 때 어떤 물질이 생겨나는지 알아보는 새로운 실험법을 모색하고 있었다. 그러던 중 1938년에 나치가 오스트리아를 침략하여 오스트리아를 합병하면서 나치의 인종 정책이 시작되었다. 유태인이었던 마이트너는 21년간 연구했던 실험실을 뒤로 한 채 더 이상 안전하지 않은 베를린을 떠났다. 이후 코펜하겐을 거쳐 스웨덴으로 망명하여 스톡홀름 연구소에 물리학 교수로 자리를 잡았다.

그 때문에 그들의 공동 작업도 갑자기 중단되는 듯하였으나 오토 한은 편지로 마이트너와 계속 연락하면서 실험에 대해 의견을 나누었다. 그와 동시에 그는 동료 화학자 프리츠 슈트라스만(Fritz Strassmann)과 함께 이렌 퀴리(Irene Joliot Curie, 1897~1956)의 추측을 검증하기 위해 우라늄의 중성자를 쏘아 새로운 원소를 생성하는 실험을 계속했다. 이렌은 1938년에 유고슬라비아 출신의 동료 사비치(Palvo Savitch)와 협력하여 중성자로 원자에 충격을 주는 방법으로 초우라늄(우라늄보다 원자번호가 큰 원소)이 나올 것이라고 예상했지만 란탄(La)과 비슷한 원소를 얻었다.

1938년 12월에 베를린에서 오토 한과 슈트라스만도 실험을 실시하여 도무지 이해할 수 없는 결과를 얻었다. 중성자 충격을 통해 발생한 것이 원자번호 92번인 우라늄보다 낮은 것처럼 보였던 것이다. 그들은 오랜 고민 끝에 고대 그리스 시대 이래로 '더 쪼개질 수 없다.'고 여겼던 원자가 쪼개지는 것처럼, 단 하나의 우라늄 원자핵 분열이 일어난다는 핵분열의 원리를 주장했다. 이어서 1939년 1월에 핵분열이 연쇄반응으로 연결될 수 있다는 것이 밝혀졌다.

맨해튼 프로젝트를 실시하다

당시는 제2차 세계대전이 일어나기 직전이었던 까닭에 핵분열의 원리에 대한 발견은 정치적으로 큰 의미를 갖고 있었고, 세계의 주도권을 잡기 위한 원자폭탄의 개발이라는 새로운 화두가 과학자들 사이에서 논의되기 시작했다.

원자폭탄 개발의 배경에 영국의 역할도 컸다. 당시 더 이상 원자폭탄 개발에 참여할 수 없었던 영

● 1945년 일본 나가사키에 떨어진 원자폭탄의 핵구름.

국은 원자폭탄 개발 내용을 담은 정보를 미국에 넘겨주었다. 그 정보를 가지고 있던 모드 위원회는 나치의 집권이라는 정치적 배경과 맞물려 미국의 과학자와 정부를 자극해 원자폭탄 개발에 참여하도록 이끌었다.

원자폭탄 개발이 실현 가능하다는 결론에 이르자 방대한 규모의 원자폭탄 개발 계획인 맨해튼 프로젝트가 1942년에 시작되었다. 미국은 1943년에 마이트너에게 맨해튼 프로젝트에 참여해 달라고 부탁했지만 평화주의자였던 그녀는 제안을 거부했다.

전후 거대과학(Big Science)의 시발점이었던 맨해튼 프로젝트는 대규모의 조직적이고 목표 지향적 특성을 띠면서 진행되었고 그와 관련된 기초 연구 작업은 대학의 실험실을 중심으로 이루어졌다. 맨해튼 프로젝트는 시작한 지 2년여 만에 과학 기술의 힘을 보여 주는 엄청난 결과물을 만들어 내고 말았다.

원자폭탄의 개발 과정은 정치적 · 윤리적 문제와 맞물려 과학자를 포함하여 많은 사람들의 반대에 부딪쳤을 뿐만 아니라 원자폭탄 개발 이후에도 원자폭탄의 위력에 놀란 과학자들은 실제 사용을 자제하도록 당부하기도 했다.

그러나 원자폭탄이 일본 히로시마와 나가사키에 투하되면서 과학과 윤리의 문제와 결부되어 사회에 커다란 파장을 불러일으켰다.

맨해튼 프로젝트를 계기로 나치 독일의 박해를 피해 미국으로 망명한 물리학자, 화학자, 생물학자들이 등장했고, 그들 중에 노벨상 수상자들도 다수 포함되어 있었다. 이른바 '두뇌 이민' 이라고 불리는, 고급 두뇌들의 집단적인 미국 이주가 일어났던 것이다. 이것은 제2차 세계대전 후 미국 과학이 세계적인 패권을 장악하는 중요한 밑바탕이 되었다.

한편 오토 한은 우라늄 핵분열 원리의 발견으로 1944년에 노벨화학상을 수상했으나 핵분열 원리에 관하여 이론적 배경을 제공한 마이트너는 노벨상 수상자 대상에서 제외되었다. 여기에는 오토 한이 공동 작업 중에 마이트너가 어떠한 역할을 했는지 거의 언급하지 않았을 뿐만 아니라 마이트너가 여성이라는 점이 중요한 요소로 작용했다는 시각이 지배적이다.

특히 오토 한과 마이트너의 공동 작업 중에 마이트너가 어떠한 역할을 했는지 제대로 알려진 적이 없기 때문에, 근대까지 마이트너는 단지 오토 한의 '단순한 보조자' 이고 '핵분열의 탐구에 미미한 역할을 한 연구자' 로 알려져 있을 뿐이다. 최근에 그녀의 학문적 업적이 오늘날까지 제대로 인정받지 못했다는 점이 인식되면서 그녀에 대한 연구가 활발해지고 있다.

참
고
문
헌

『갈릴레오의 딸』, 데이바 소벨 지음, 홍현숙 옮김, 생각의나무

『갈릴레오의 치명적 오류』, 웨이드 로랜드 지음, 정세권 옮김, 미디어윌M&B

『객관성의 칼날』, 찰스 길리스피 지음, 이필렬 옮김, 새물결

『경도』, 데이바 소벨 · 윌리엄 앤드루스 지음, 김진준 옮김, 생각의 나무

『계몽의 시대와 연금술사』, 박승억 지음, 웅진

『과학의 탄생』, 야마모토 요시타카 지음, 이영기 옮김, 동아시아

『과학사신론』, 김영식 · 임경순 지음, 다산출판사

『과학혁명』, 김영식 지음, 아르케

『과학과 기술로 본 세계사 강의』, 제임스 E. · 해럴드 도른 지음, 전대호 옮김, 모티브북

『과학혁명과 바로크 문화』, 앤드류 그레고리 지음, 박은주 옮김, 몸과 마음

『눈금으로 보는 과학』, 알렉스 헤브라 지음, 김동현 옮김, 향연

『뉴턴과 아인슈타인 우리가 몰랐던 천재들의 창조성』, 홍성욱 외 지음, 창작과비평사

『데카르트 & 버클리』, 최훈 지음, 김영사

『DNA구조의 발견과 왓슨 · 크릭』, 에드워드 에델슨 지음, 이한음 옮김, 바다출판사

『되살아나는 천재 아르키메데스』, 사이토 켄 지음, 조윤동 옮김, 일출봉

『레오나르도 다빈치』, 카를로 페드레티 지음, 강주헌 · 이경아 옮김, 마로니에북스

『레오나르도 다빈치 최초의 과학자』, 마이클 화이트 지음, 안인희 옮김, 사이언스북스

『망원경으로 떠나는 4백 년의 여행』, 프레드 왓슨 지음, 장헌영 옮김, 사람과 책

『멘델레예프의 꿈』, 폴 스트레턴 지음, 예병일 옮김, 몸과마음

『물리학이란 무엇인가』, 도모나가 신이치로 지음, 장석봉 · 유승을 옮김, 사이언스북스

『사진의 고고학』, 제프리 배첸 지음, 김인 옮김, 이매진

『사회·법체계로 본 근대 과학사 강의』, 토비 E. 하프 지음, 김병순 옮김, 모티브북

『산을 오른 조개껍질』, 앨런 커틀러 지음, 전대호 옮김, 해나무

『세계를 바꾼 20가지 공학기술』, 이인식 외 지음, 생각의 나무

『세계 사진사 32장면』, 최봉림 지음, 디자인하우스

『세상에서 가장 아름다운 실험 열 가지』, 로버트 P. 크리즈 지음, 김명남 옮김, 지호

『시간을 발견한 사람』, 잭 렙체크 지음, 강윤재 옮김, 사람과 책

『시데레우스 눈치우스』, 갈릴레오 갈릴레이 지음, 앨버트 반 헬덴 역해, 장헌영 옮김, 승산

『아르키메데스』, 셔먼 스타인 지음, 이우영 옮김, 경문사

『아리스토텔레스 & 이븐 루시드』, 김태호 지음, 김영사

『아리스토텔레스의 아이들』, 리처드 루빈스타인 지음, 유원기 옮김, 민음사

『역사 속의 과학』, 김영식 편, 창작과 비평사

『연금술 이야기』, 앨리슨 쿠더트 지음, 박진희 옮김, 민음사

『위대한 물리학자』, 윌리엄 크로퍼 지음, 김희봉 옮김, 사이언스북스

『유전학의 탄생과 멘델』, 에드워드 에델슨 지음, 최돈찬 옮김, 바다출판사

『왓슨 & 크릭』, 정혜경 지음, 김영사

『의학 오디세이』, 강신익 외 지음, 역사비평사

『이슬람의 과학과 문명』, 하워드 R. 터너 지음, 정규영 옮김, 르네상스

『의학의 역사』, 재컬린 더핀 지음, 신좌섭 옮김, 사이언스북스

『전자기학과 패러데이』, 콜린 A. 러셀 지음, 김문영 옮김, 바다출판사

『정원의 수도사』, 로빈 헤니그 지음, 안인희 옮김, 사이언스북스

『지식의 증류』, 브루스 T. 모런 지음, 최애리 옮김, 지호

『촛불 속의 과학 이야기』, 마이클 패러데이 지음, 문경선 옮김, 누림

『코앞에서 본 중세』, 키아라 프루고니 지음, 곽차섭 옮김, 길

「파라켈수스의 신비주의적 지식관」, 이범 지음, 서울대학교 석사논문

『파이의 역사』, 페트르 베크만 지음, 박영훈 옮김, 경문사

『프리즘(역사로 과학읽기)』, 김영식 편, 서울대학교 출판부

『프린키피아의 천재』, 리처드 웨스트폴 지음, 최상돈 옮김, 사이언스북스

『핵물리학과 러더퍼드』, J. L. 헤일브론 지음, 고문주 옮김, 바다출판사

『항해의 역사』, 베른하르트 카이 지음, 박계수 옮김, 북폴리오

『현대 의학의 선구자 하비』, 졸 쉐켈포드 지음, 강윤재 옮김, 바다출판사

『화학의 역사』, 존 허드슨 지음, 고문주 옮김, 북스힐

『휴머니즘과 르네상스』 유럽문화, 찰스 나우어트 지음, 진원숙 옮김

『히포크라테스의 발견』, 반덕진 지음, 휴머니스트

세상을 바꾼 과학사 명장면 40

펴낸날	초판 1쇄 2009년 5월 30일
	초판 11쇄 2019년 10월 4일

지은이	공하린
펴낸이	심만수
펴낸곳	(주)살림출판사
출판등록	1989년 11월 1일 제9-210호

주소	경기도 파주시 광인사길 30
전화	031-955-1350 팩스 031-624-1356
홈페이지	http://www.sallimbooks.com
이메일	book@sallimbooks.com

ISBN	978-89-522-1154-5 44400

살림Friends는 (주)살림출판사의 청소년 브랜드입니다.